优秀女孩

必备的

7种心态、8种习惯、9种能力

潘鸿生◎编著

北京工业大学出版社

图书在版编目（CIP）数据

优秀女孩必备的7种心态、8种习惯、9种能力／潘鸿生编著．—北京 ：北京工业大学出版社，2015.11（2021.9重印）
ISBN 978-7-5639-4488-0

Ⅰ．①优…　Ⅱ．①潘…　Ⅲ．①女性－成功心理－青少年读物　Ⅳ．①B848.4-49

中国版本图书馆CIP数据核字(2015)第241402号

优秀女孩必备的7种心态、8种习惯、9种能力

编　　著：潘鸿生
责任编辑：刘学宽
封面设计：周　飞
出版发行：北京工业大学出版社
（北京市朝阳区平乐园100号　邮编：100124）
010-67391722（传真）　bgdcbs@sina.com
经销单位：全国各地新华书店
承印单位：唐山市铭诚印刷有限公司
开　　本：787毫米×1092毫米　1/16
印　　张：14
字　　数：240千字
版　　次：2015年11月第1版
印　　次：2021年9月第2次印刷
标准书号：ISBN 978-7-5639-4488-0
定　　价：39.80元

前　言

小的时候，女孩生活在美好的童话世界里，总是幻想着能像灰姑娘那样穿上漂亮的水晶鞋，变身成高贵优雅的白雪公主。然而，当她们渐渐长大，发现现实生活并非如此，便开始努力寻找真实的自我。

懵懂的少女时期，是女孩一生中的重要时期。这个时期女孩的独立意识和自我意识逐渐增强。她们渴望探索和发现自我。她们的理想、信念、习惯、性格和情操基本上形成于这个阶段，所以，少女时期的成长经历，在很大程度上会影响女孩未来的前途命运。为什么有的女孩经过奋斗心想事成，而有的女孩尝试了一番却无功而返呢？其中一个重要原因在于，成功的女孩常常在少女时期胸怀大志，注意磨砺自己，失败的女孩往往缺乏这个过程。那么什么样的女孩才是最完美、最优秀的女孩呢？对于女孩来说，最重要的，莫过于拥有健康平和的心态、良好的习惯和出色的能力。

心态决定命运。好心态可以使人自信、快乐、充满朝气和力量；坏心态却使人丧失主动性、进取性，变得颓废、冷漠和平庸。于丹在《百家讲坛》里曾说过："决定人生成功的，绝不仅仅是才能和技巧，而是一个人面对生活的心态。"在成长过程中，女孩只有拥有积极、奋发、进取、乐观的心态，才能正确处理生活中的各种困难、矛盾和问题。好心态是女孩走向成功的必备素质，有时比智慧更重要！

好的习惯对女孩一生的发展具有至关重要的作用。美国心理学家威廉·詹姆士说："播下一种行动，收获一种习惯；播下一种习惯，收获一种性格；播下一种性格，收获一种命运。"当一个女孩养成了好习惯，其行为就会具有自觉性，并内化成一种根深蒂固的高尚品格，这种品格会贯穿女孩的一生。有了这种品格，无论是学习、做人、做事，还是社会交际，女孩都会取得令人满意的成就。

女孩既要有好的心态和习惯作为吸收养分的基础，还要有出色的能力获取更多的阳光，只有这样，才能越来越优秀。学生在学校学到的知识，必须通过吸收和思考，最终转化为能力，诸如动手实践能力、抗挫折能力、人际交往能力、适应能力、沟通能力等。女孩只要具备了这些能力，就能够有效地解决成长中遇到的问题，顺利地实现自己的理想，成为一个优秀的女孩。

为了帮助女孩培养良好的心态和成才必备的习惯，掌握使自己越来越优秀的基本能力，本书详细讲解了优秀女孩必须具备的7种心态、8种习惯和9种能力。本书旨在开拓女孩的视野，提升女孩的综合素质。这不但为处于青少年时期的女孩创造一个欢乐、轻松的成长环境，而且更可以陶冶女孩的情操，可以说是一本让女孩全面提高、全面发展的青春励志书。

渴望优秀的女孩，不妨打开这本书，从中汲取营养，获得成长的启示，让自己在一生中最关键的时期打好基础，成为一个优秀女孩！

目　　录

上篇　优秀女孩必备的7种心态

中篇　优秀女孩必备的8种习惯

下篇　优秀女孩必备的9种能力

上篇

优秀女孩必备的 7 种心态

一位名人曾经说过：播下一种心态，收获一种思想；播下一种思想，收获一种行为；播下一种行为，收获一种习惯；播下一种习惯，收获一种性格；播下一种性格，收获一种命运。这段话的意思就是：心态决定命运。

成才，不仅需要健康的体魄和聪明才智，更需要一个良好的心态。女孩要想让自己勇敢自信地面对生活以及未来的社会竞争，就要有良好的心态。有什么样的心态，就有什么样的人生。只有拥有良好的心态，才能正确处理生活中的各种矛盾和问题。好心态是女孩走向成功的必备素质，有时比智慧更重要！

进取的心态——每天进步一点点

永远都要坐在最前排

新的时势赋人以新的义务，时间使古董变得鄙俗，谁想不落伍，谁就得不断进取。

——詹·拉·洛威尔

20世纪30年代，英国一个不出名的小镇里，有一个叫玛格丽特的小姑娘，自小就受到严格的家庭教育。父亲经常对她说："孩子，永远都要坐在前排。"父亲极力向她灌输这样的观点：无论做什么事情都要力争一流，永远走在别人前头，而不能落后于人，"即使是坐公共汽车，你也要永远坐在前排"。父亲从来不允许她说"我不能"或者"太难了"之类的话。

对年幼的孩子来说，父亲的要求可能太高了，但父亲的教育在以后的年代里被证明是非常宝贵的。正是因为从小就受到父亲的"严酷"的教育，才培养了玛格丽特积极向上的决心和信心。在以后的学习、生活和工作中，她时刻牢记父亲的教导，总是抱着一往无前的精神和必胜的信念，尽自己最大的努力克服一切困难，做好每一件事情，事事必争一流，以自己的行动实践着父亲"永远坐在前排"的教导。

玛格丽特在学校里永远是最勤奋的学生，是学生中的佼佼者之一。她以出类拔萃的成绩顺利地升入当时像她那样出身的学生极少奢望进入的文法中学。

在玛格丽特满17岁的时候，她开始明确了自己的人生追求——从政。然而，那个时候，进入英国政坛要有一定的党派背景。她出生于保守党派氛围的家庭，要想从政，还必须要有正式的保守党关系，而当时的牛津大学就是保守党员最大俱乐部的所在地。由于她从小受化学老师的影响很大，同时又想到大学学习化学专业的女孩比其他任何学科都少得多，如果选择其他的某个文科专业，竞争就会很激烈。

于是有一天，她终于勇敢地走进校长的办公室说："校长，我想现在就去考牛津大学的萨默维尔学院。"

女校长难以置信，说："什么？你是不是欠考虑？你现在连一节课的拉丁语都没学过，怎么去考牛津？"

"拉丁语我可以学习掌握！"

"你才17岁，而且你还差一年才能毕业，你必须毕业后再考虑这件事。"

"我可以申请跳级！"

"绝对不可能，而且，我也不会同意。"

"你在阻挠我实现理想！"玛格丽特头也不回地冲出校长办公室。

回家后她取得了父亲的支持，就开始了艰苦的复习、学习备考工作。在她提前几个月得到了高年级学校的合格证书后，就参加了大学考试，并如愿以偿地收到了牛津大学萨默维尔学院的入学通知书。于是，玛格丽特离开家乡到牛津大学去了。

上大学时，学校要求学5年的拉丁文课程。她凭着自己顽强的毅力和拼搏精神，在1年内全部学完了，并取得了相当优异的考试成绩。其实，玛格丽特不光在学业上出类拔萃，在体育、音乐、演讲及学校活动方面也颇赋才能。所以，她所在学校的校长也这样评价她："她无疑是我们建校以来最优秀的学生，她总是雄心勃勃，每件事情都做得很出色。"

40多年以后，这个当年对人生理想孜孜以求的姑娘终于得偿所愿，成为英国乃至整个欧洲政坛上一颗耀眼的明星。她就是连续4年当选保守党党魁、并于1979年成为英国第一位女首相、雄踞政坛长达11年之久、被世界政坛誉为"铁娘子"的玛格丽特·撒切尔夫人。

【优秀女孩应该懂的道理】

"永远都要坐前排"是一种积极进取的表现。它能激发人们一往无前的勇气和争创一流的精神。有了这种精神，就能在生活和事业上不断给自己提出新的目标，并为实现目标而不断努力。玛格丽特的故事就是一个很好的证明。从现在开始，试着让自己把坐在前排当作一种规则，尽量往前坐。当然，坐前面会比较显眼，受人瞩目，这会令一个自信心不足的人感到很不自然、很不舒服。但要记住，有关成功的一切都是显眼和被人瞩目的。

“永远都要坐前排”，既是一个人对生活的态度，体现了人乐观向上、不断追求的精神，也是时代的要求。新时代的女孩，应该朝气蓬勃，积极向上，在前进的道路上不断给自己提出新的奋斗目标，并为实现目标顽强拼搏，克服一切困难，做一个有所作为的人。

自我激励的作用

一个人必须把他的全部力量用于努力改善自身，而不能把他的力量浪费在任何别的事情上。

——列夫·托尔斯泰

日本独立公司是一家专为残疾人设计和生产服装的公司。他们的服装不但价格低廉，而且还非常人性化，适合伤残人士穿着，因此赢得了消费者的一致好评。

这家公司的老板是一位叫木下纪子的妇女。在未成立独立公司以前，她曾管理过两个室内装修公司，并且小有名气。可是，正当她顺风顺水发展的时候，不幸降临到她的头上——她突然中风，半身瘫痪了，连吃饭穿衣都难以自理。当她从极度的痛苦中摆脱出来，清醒思考的时候，她问自己：难道这辈子就要这样躺在床上了吗？不行！我不能自暴自弃，必须振作起来。穿衣服这件事虽然是小事，但又是每天都要面对的事情，对一个残疾人来说又是多么重要啊！难道就不能设计出一种供残疾人容易穿的衣服吗？一个新的念头突然而至，使她顿时兴奋起来。她忘记了自己的痛苦，甚至忘记了自己是一个左半身瘫痪的人。

有了好的想法之后，就开始行动了。于是，木下纪子根据自己的设想加之以往的管理经验，办起了世界第一家专门为残疾人设计和生产服装的服装公司——“独立”公司。为什么要叫“独立”公司，木下纪子解释说，这个字眼不仅要向全世界人们宣告伤残人的志愿和理想，　也道出了她自己内心的独白，就是她要走出一条独立自主的生活道路。

独立公司成立后，木下纪子按残疾人的特点及心理，设计出适合伤残人穿着的服装。服装推向市场后，受到的好评如潮，公司的生意日益兴隆。有时一个季度就可销售五万多美元的服装。由于她事业上的成功，在日本这个以竞争著称的国家，竟得到了十家不同行业的支持。木下纪子还准备把她的产品打入国际市场。她的这一计划不仅得到日本政府的支持，同时也得到了外国友人的帮助，她和一家美国同行组成了一个合资公司。

作为一个残疾人，木下纪子没有自暴自弃，相反，她重新点燃生活的火把，她为公司的发展呕心沥血，走过了漫长的路程。在接受记者采访时，她说：为残疾人生产产品固然重要，改变残疾人的形象更重要。尽管我们的身体残疾了，但我们的精神并没有残疾。我所做的就是想让人们看到我们残疾人不但生活得非常有朝气，而且也同样是生活的强者。

【优秀女孩应该懂的道理】

自我激励是一种精神动力。人的一切行为都是受到激励而产生的，通过不断的自我激励，就会使人们有一股内在的动力，朝向所期望的目标前进，最终达到成功的顶峰。从木下纪子成功的事例可以看出：一个人虽然身体有残疾，但只要不断地激励自己，仍然可以获得成功。

人的内心常常存在着需求激励的欲望，强烈的自我激励是成功的先决条件。人生的旅途就像马拉松赛跑，一路上虽然有人为我们喝彩、鼓掌、加油，但这些都只是外在因素，真正的力量，来自自我，来自内心。所以，在面对逆境时，女孩要学会自我激励，以积极的心态去应对。

在做任何事情以前，如果能够充分肯定自我，就等于已经成功了一半。当面对挑战时，女孩不妨告诉自己：你就是最优秀的和最聪明的，那么结果肯定是另一种模样。

从职业棒球员到保险业务员

有了一些小成绩就不求上进，这完全不符合我的性格。攀登上一个阶梯，这固然很好，只要还有力气，那就意味着必须再继续前进一步。

——安徒生

法兰克·派特是美国著名的人寿保险销售员。在加入保险行业之前，他曾是一个职业棒球运动员。当年，法兰克刚转入职业棒球界不久，就遭到有生以来最大的打击，他被开除了。他的动作无力，因此球队的经理有意要他走人。球队经理对他说："照镜子，好好看看你自己的样子。做什么事情都慢吞吞的，你哪像是在球场混了20年的运动员？我告诉你，无论你到哪里做任何事，若不提起精神来，你将永远不会有出路。"

就这样，法兰克无奈地离开原来的球队。后来，有一位名叫丁尼·密亨的老队员把他介绍到新凡的一个职业棒球队去。在新凡的第一天，法兰克的一生有了一个重要的转变。因为在那个地方没有人知道他过去的情况，他就决心变成新凡最具热忱的球员。为了实现这点，当然必须采取行动才行。

在赛场上，法兰克就好像吃了兴奋剂一般。他强力地投出高速球，使接球的人双手都麻木了。记得有一次，法兰克以强烈的气势冲入三垒，那位三垒手吓呆了，球漏接，法兰克就盗垒成功了。当时气温高达39℃，法兰克在球场奔来跑去，极可能因中暑而倒下去，但在过人的热忱支持下，他挺住了。这种热忱所带来的结果令人吃惊。由于热忱的态度，法兰克的月薪增加到原来的七倍。在往后的两年里，法兰克一直担任三垒手，薪水加到30倍之多。为什么呢？法兰克自己说："就是因为一股热忱，没有别的原因。"

不幸的是，在一次比赛中，法兰克的手臂受了伤，不得不放弃了职业棒球生涯。失业后，他决定投入保险界，于是他到菲特列人寿保险公司当了一名保险业务员。但很遗憾，他整整一年多都没有什么成绩，因此很苦闷。但后来，他想起当年打棒球时热忱的态度，他又变得积极起来。经过不断的努力，最终他成了人寿保险界的大红人。不但有人请他撰稿，还有人请他介绍自己的经验。他说："我从事推销已经15年了。我见到许多人，由于对工作抱着热忱的态度，使他们的收入成倍地增加起来。我也见到另一些人，由于缺乏热忱而走投无路。我深信唯有热忱的态度，才是成功推销的最重要因素。"

【优秀女孩应该懂的道理】

热情是行动的信仰，有了这种信仰，人们就会产生激情，无论做任何事都会战无不胜，攻无不克。一个人如果没有热情，不论他有什么能力，都很难发挥出来，也不可能成功。成功是与热情紧紧联系在一起的。要想成功，就要让自己永远沐浴在热情的光影里。

热情是人的生活态度，积极投入，时时充满热情，才是人的最佳状态。积极热情的态度可以感染人、带动人，给人以信心，给人以力量，形成良好的环境和氛围。因此，女孩对待生活，要时时刻刻充满热情，这样生活才会少几分无奈，多几分精彩。

难度颇高的乐谱

艰难的环境一般会使人沉没下去的，但是，具有坚强意志，积极进取精神的人，却可以发挥相反的作用。环境越是困难，精神越能发奋努力，困难被克服了，就会有出色的成就。这就是所谓"艰难玉成"。

——郭沫若

一位音乐系的学生走进练习室。在钢琴上，摆着一份全新的乐谱。

"超高难度……"他翻着乐谱，喃喃自语，感觉自己对弹奏钢琴的信心似乎跌到谷底，消靡殆尽。已经三个月了！自从跟了这位新的指导教授之后，不知道为什么教授要以这种方式整人。勉强打起精神，他开始用自己的十指奋战、奋战、奋战……琴音盖住了教室外面教授走来的脚步声。

指导教授是个极其有名的音乐大师。授课的第一天，他给自己的新学生一份乐谱。“试试看吧！”他说。乐谱的难度颇高，学生弹得生涩僵滞、错误百出。“还不成熟，回去好好练习！”教授在下课时，如此叮嘱学生。

学生练习了一个星期，第二周上课时正准备让教授验收，没想到教授又给了他一份难度更高的乐谱，“试试看吧！”学生再次挣扎于更高难度的技巧挑战中。

第三周，更难的乐谱又出现了。两样的情形持续着，学生每次在课堂上都被一份新的乐谱所困扰，然后把它带回去练习，接着再回到课堂上，重新面临两倍难度的乐谱，却怎样都追不上进度，一点也没有因为上周练习而有驾轻就熟的感觉。学生感到越来越不安、沮丧和气馁。教授走进练习室。学生再也忍不住了。他必须向钢琴大师提出这三个月来何以不断折磨自己的质疑。

教授没开口，他抽出最早的那份乐谱，交给了学生。“弹奏吧！”他以坚定的目光望着学生。

不可思议的事情发生了，连学生自己都惊讶万分，他居然可以将这首曲子弹奏得如此美妙、如此精湛！教授又让学生试了第二堂课的乐谱，学生依然呈现出超高水准的表现……演奏结束后，学生怔怔地望着老师，说不出话来。

“如果，我任由你表现最擅长的部分，可能你还在练习最早的那份乐谱，就不会有现在这样的程度……”钢琴大师缓缓地说。

【优秀女孩应该懂的道理】

适当的压力可以激发人的无穷潜能。压力，不仅是我们发挥潜能的刺激因素，更是让我们挑战自我的最佳助力。缺乏承受生活压力能力的人不可能获得长足进步，更不可能发挥潜能。

任何成功者都不是天生的，成功的根本原因是开发了人的无穷无尽的潜能。人的潜能是无穷的，一旦激发出来，就可以使我们的能力和聪明才智充分地发挥出来，为我们的生活、学习和工作打下坚实的基础，使我们在人生的道路上不断地超越自我、挑战自我，充分体现自我的人生价值，创造美好的人生！

有一句老话说：“在命运向你掷来一把刀的时候，你要抓住它的两个地方：刀口或刀柄。”如果你抓住刀口，它会割伤你，甚至使你致死；但是如果你抓住刀柄，你就可以用它来打开一条大道。因此当你遇到大障碍的时候，你要抓住它的柄。也就是说，让挑战激发你自身的潜能，发挥出你的战斗精神，你才能够有所成就，有所收获。

一只巴掌一样可以拍响

无愧于有理性的人的生活，必须永远在进取中度过。

——塞·约翰逊

她，是一个可怜的小女孩，从小患有小儿麻痹症，只有依靠轮椅才能行动。每当看到同龄的小朋友蹦蹦跳跳的，她都感觉到自卑而又羡慕。随着年龄的增长，她的忧郁和自卑感越来越重，甚至，她拒绝所有人的靠近。但也有个例外，邻居家那个只有一条胳膊的老人却成为她的好伙伴。老人是在一场战争中失去一只胳膊的。老人非常乐观，她非常喜欢听老人讲的故事。

这是个天气晴朗的一天，她被老人用轮椅推着去附近的一个公园散步，草坪上孩子们动听的歌声吸引了他们。当一首歌唱完，老人说："让我们一起为他们鼓掌吧！"她吃惊地看着老人，问道："我的胳膊动不了，你只有一只胳膊，怎么鼓掌啊！"老人对她笑了笑，解开衬衣扣子，露出胸膛，用手掌拍起了胸膛……那天已经是深秋了，虽然天气晴朗，但风中却夹着几分寒意，尽管如此，她却突然感觉自己的身体里涌动起一股暖流。老人对她笑了笑，说："只要努力，一只巴掌一样可以拍响。你一样能站起来的！"

当天晚上，她让母亲在一张纸上写下了这样一行字：一只巴掌也能拍响。为了激励自己，她又让母亲将这张纸贴到了墙上。从那之后，她开始配合医生做物理治疗。有时，甚至父母不在身边的时候，她自己也能扔开支架，试着走路。蜕变的痛苦是牵扯到筋骨的。她坚持着，她相信自己能够像其他孩子一样行走，奔跑……

就这样，经过蜕变的痛苦后，11岁时，她终于扔掉支架，可以自由地行走了。但她并没有满足，此后，她又向另一个更高的目标努力着。她开始锻炼打篮球和田径运动。现在的她，不但可以跑，而且跑得比别人快。1960年罗马奥运会女子百米跑决赛，当她以11秒18第一个撞线后，掌声雷动。人们都站起来为她喝彩，齐声欢呼着这个美国黑人的名字：威尔玛·鲁道夫。那一届奥运会上，威尔玛·鲁道夫成为当时世界上跑得最快的女人。她摘取了3枚金牌，也是第一个黑人奥运女子百米冠军。

【优秀女孩应该懂的道理】

人生能有几回搏！威尔玛·鲁道夫的成功恰恰说明了这一点。拼搏才称其为人生，拼搏才有人生价值。一个人的生命是短暂的，但精神是无限的。要做到生命不息，奋斗不止，就要靠顽强拼搏的精神作为动力。要想为自己的人生之路增添色彩，做自己想做的，就要拼搏！

人生一世，草木一秋。人，应该活得有意义、有价值，而不是让生命在蹉跎中度过，在无为中结束。生命的伟大在于拼搏，想让自己的生命变得辉煌精彩，那么你就应该学会努力，并敢于奋力追求，挥洒汗水去谱写人生伟大的乐曲。

拼搏精神是一个人成功的主要因素，没有拼搏精神，就很难有一番成就。有句话说得好："三分天注定，七分靠打拼，爱拼才会赢。" 拼搏是强者的凯歌，是成功的阶梯。面对坎坷的人生，只有不断拼搏，我们才会成长为一个真正的强者。

心态训练营：培养进取心态的方法和技巧

1．制定目标

目标是人生的方向，有了这个方向，人生就会有奋斗的方向，有进取的动力，当然我们也会为之奋斗。

2．建立信心

坚定的自信心是一个人成功的重要保证。只要对自己充满信心，再大的困难也可以想办法克服，再难的事也可以办好。有畏惧思想的人，怕困难、怕艰苦、怕失败，束缚了自己的进取精神，往往很难将事情办成功。

3．永不满足

人类的所有愿望，都始于不满足。不满足，才有愿望，有愿望才会产生行动，才会最终改变原来的处境。当今社会是一个竞争的社会，我们满足，别人不停地奋斗、开拓、进取，那么，即使我们原先的条件比别人优越，也会被别人超越。所以，成功属于那些不容易满足并不懈努力的人。

4．克服惰性

惰性是我们成就事业的腐蚀剂，是一把刀子，是扼杀进取心理的强大力量。

惰性不是天然形成的，它是贪图安逸和享受的产物，也是游手好闲、虚度时光的结果，必须下大力克服这个“顽敌”。

5．克服困难

无论做什么事情，总会遇到困难，而困难有时会击败人的进取心而成为胜利者。因此，面对困难，应该有正确的态度，那就是坚决挺住，顽强地拼搏，绝不退却。对待困难，要主动依靠自己的力量去克服，而不是等待外界条件。

知足的心态——淡泊名利身随意，幸福生活平常心

心理医生的药方

爱好虚荣的人，用一件富丽的外衣遮掩着一件丑陋的内衣。

——莎士比亚

一天，一个面容憔悴的女人走进了一家心理诊所，一进门她就喋喋不休地抱怨自己如何不幸，丈夫离她而去了，工作搞得一塌糊涂，刚刚上中学的孩子也不愿回家陪陪她，又因炒股欠了一大笔债务……总之，与别的女人相比，她要活不下去了。

心理医生问她："你丈夫为什么离开了你？""我也没说什么，只说邻居家小张很能干，又开了一家餐厅，而且生意红火得不得了，而相比之下，我丈夫是个笨蛋，连一个蛋糕房都弄不好，还要赔本。""你孩子们怎么样呢？""他们更可恶，每次考试都是60多分，害得我每次开家长会都很没面子。""那你为什么要炒股？"心理医生继续问道。"那是因为邻居张太太炒股赚了一大笔钱，她的那个奥迪A8就是炒股赚的，她行，为什么我不行？"

心理医生问完这些问题后，并没有说什么，而是给她讲了一个有关乡下老鼠和城市老鼠的故事。城市老鼠和乡下老鼠是好朋友。有一天，乡下老鼠写了一封信给城市老鼠，邀请它到家里来玩。城市老鼠接到信后，高兴得不得了，立刻

动身前往乡下。到了乡下，乡下老鼠拿出很多玉米和小麦，放在城市老鼠面前，城市老鼠不以为然地说："你怎么能够老是过这种清贫的生活呢？还是到我家玩吧，我会好好招待你的。"

于是，乡下老鼠就跟着城市老鼠进城了。乡下老鼠看到那么多豪华干净的房子，非常羡慕，想到自己在乡下从早到晚，都在农田上奔跑，以玉米和小麦为食物，冬天还要不停地在那寒冷的雪地上搜集粮食，夏天更是累得满身大汗，和城市老鼠比起来，自己实在太不幸了。

它们在一起玩了一会儿，就爬到餐桌上开始享受美味的食物。突然，"咚"的一声，门开了，有人走了进来，它们吓了一跳，飞也似的躲进墙角的洞里。乡下老鼠对城市老鼠说："乡下平静的生活，还是比较适合我。这里虽然有豪华的房子和美味的食物，但每天都紧张兮兮的，倒不如回乡下吃玉米过得快活。"说罢，乡下老鼠就离开都市回乡下去了。

听完了这个故事，那位太太若有所思地问心理医生："那你的意思是说，我就什么都不去想，什么都不去做，任生活就这样糟糕下去？""当然不是，你应该在发火前，多想想这样的故事，然后再想别的办法去解决你面临的问题。记住，我是说真正的问题，而不是在与别人比较出来那些所谓的'问题'。"听了心理医生的解释，这个女人终于明白了心理医生暗指的意思，她的脸上浮现出愉快的神色。

【优秀女孩应该懂的道理】

一生最悲哀的事情就是拿自己的处境和别人作比较。攀比源于对自己、对现状的不满，攀比不是罪过，但攀比心太强必然烦恼丛生。跟在别人后面亦步亦趋，在越来越让人眼花缭乱的欲望对象面前患得患失，将永远也体会不到人生最值得珍视的内心平和。

攀比之心，人皆有之。从一定意义上说，攀比还是人类进步的侧面动力。一个人想在社会上确定自己的位置，并不断超越自我，必须选定一个参照物。但是，我们提倡的是理性的比较，而不是盲目的比较。我们可以不知足，但是不能盲目攀比。否则就会失去自我和特色，到头来只能是徒增烦恼。其实，如果我们真的要攀比，有一件非常简单的事我们能做：那就是与那些不如我们的人、比我们更穷、房子更小、车子更破的人相比，我们的幸福感就会增加。可问题是，许多人总在做相反的事情。他们老在与比他们强的人比，这会生出很大的挫折感，会出现焦虑情绪，觉得自己不幸福。所以，我们要学会知足。无论贫或富，我们都不必和别人攀比，不必奢求荣华富贵、锦衣玉食。只要过好自己的日子，感悟生活的真谛，享受生活带来的快乐，你就会感受到无比的幸福。

总之，女孩应该学会正视自己，学会自我开释。只要退一步想，你就会发现，生活中的很多事情其实并不需要太在意。真正需要我们在意的，是怎么才能及早消除盲目攀比、自我折磨的变态心理。

国王的点石术

人一旦成为欲念的奴隶，就永远也解脱不了了。

——察·高吉迪

从前有个国王，他虽然拥有天下，但仍不感到满足。有一天，他对上帝说：“请教给我点金术，让我把伸手所能摸到的东西都变成金子，我要使我的王宫到处都金碧辉煌。”

上帝答应了他的请求，说：“好吧，只要你的手指摸到的任何东西，就会立刻变成金子。”

第二天，国王刚一起床，他的手就摸到了衣服，衣服就立刻变成了金子，他高兴得不得了；在他吃早餐时，伸手摸到的瓷器也变成了金子，摸到的餐具也变成了金子，这时他十分地高兴。但是，在他用手拿到面包时，面包也变成了金子，这时他有点儿不舒服，因为他再也不能享用美味的面包了。

早餐后，按照惯例他每天上午都要在王宫里的大花园散步，当他走进花园时，他看到一朵红玫瑰开放得非常娇艳，他情不自禁地上前摸了一下，玫瑰花立刻变成了金子，他感觉有点儿遗憾。这一天里，他只要一伸手，所触摸的任何物品全部变成了金子。后来，他越来越恐惧，吓得不敢伸手了。到了晚上，他最喜欢的小女儿来拜见他，他拼命地喊着不让女儿过来，可是天真活泼的女儿仍然像往常一样径直跑到父亲身边，伸出双臂来拥抱他，结果女儿变成了一尊金像。

【优秀女孩应该懂的道理】

无止境的欲望是生命沉重的负荷。欲望太多的人总希望得到更多，而不知满足，结果命运会让他失去一切，贪心只会愚弄自己。所以说，欲望越高，幸福就会离我们越远，甚至会给我们带来痛苦。

每个女孩都要控制欲望，而不能让欲望控制自己，要始终把欲望控制在一个合理的范围内。一位哲人说过，生命是一团欲望，欲望不满足便痛苦，满足便无聊。人可以适度满足欲望和实现自我，但不能过度，要懂得回归，反观自照。所以，女孩只有合理地控制自己的欲望，才会生活得幸福。

一条假金项链

一切恶行都围绕虚荣心而生，都不过是满足虚荣心的手段。

——柏格森

男孩和女孩是一对青梅竹马的恋人。

有一天，男孩女孩牵着手去逛街。当经过一家首饰店门口时，女孩一眼看见了摆在玻璃柜中的那条心形的金项链。女孩心想：我脖子这么白，配上这条项链一定好看。男孩看见了女孩眼中的那依依不舍的目光，他摸摸自己的钱包，脸红了，拉着女孩走开了。

几个月后，女孩的20岁生日到了。在女孩的生日宴会上，男孩喝了很多酒，才敢把给女孩的生日礼物拿出来，那正是女孩心仪的那条心形的金项链。女孩高兴地当众吻了一下男孩的脸。过了半晌，男孩才憋红着脸，搓着手，嗫嚅地说："不过，这、这项链是……铜的……"男孩的声音很小，但客厅里所有的客人都听见了。女孩的脸蓦地涨得通红，把正准备戴到自己那白皙漂亮的脖子上的项链揉成一团随便放在了牛仔裤的口袋里。"来，喝酒！"女孩大声说，直到宴会结束，女孩再也没看男孩一眼。

不久后，一个男人闯进了女孩的生活。男人说，他什么也没有，只有钱。当他把闪闪发光的金首饰戴到女孩身上时，同时也俘虏了女孩那颗爱慕虚荣的心。他们很快便在外面租了一间房子同居了。男人对女孩百依百顺，女孩暗暗庆幸自己在男孩和男人之间的选择。对于女孩来说，那真是一段幸福的日子。

但是好景不长，在女孩发现自己怀孕的同时，也发现男人失踪了。当房东再一次来催她缴房租时，她只得走进了当铺，把自己所有的金首饰摆在了柜台上。老板眯着眼睛看了一眼说：“你拿这么多镀金首饰来干什么？”女孩一下子愣住了。接着老板的眼睛一亮，扒开一堆首饰，拿出最下面的那条项链说：“嗯，这倒是一条真金项链，值一点钱。”女孩一看，这不正是男孩送她的那条假金项链吗？当铺老板把玩着那条心形的项链问：“喂，你打算当多少钱？”女孩忽然一把夺过那条项链就走了。

【优秀女孩应该懂的道理】

虚荣，是人生的一记暗伤。轻者，累及一时；重者，痛苦一生。太爱慕虚荣，不是自己为自己增光，而是自己给自己添累。在虚荣心的驱使下，人往往只追求面子上的好看，不顾现实的条件，最后给自己造成危害。

内心成熟的成年人，可以很好地控制虚荣心，不会被其蛊惑，但是未经世事的女孩，却很容易成为“虚荣心”的猎物。虚荣心过强，对于每个女孩来说都是可怕的。它会给女孩的成长带来一系列问题。有的女孩为了满足物质的追求，牺牲自己最宝贵的贞操，是值得深思的。只有把握住自尊与自重，才不至于在外界的干扰下失去人格。因此，虚荣心是要不得的，女孩应当把它克服掉。

世上最富有的人

所谓幸福的人，是只记得自己一生中满足之处的人；而所谓不幸的人只记得与此相反的内容。

——荻原朔太郎

有一位老先生经常对人说他是世上最富有的人。这话传到了税务单位那儿，引起了税务人员的注意，就派了一个人去调查他。税务员问道：“请问你都有什么财产？估价多少？”

老人说：“我有健康的身体，它使我不需要依赖别人照顾自己，使我有心情欣赏饭菜的美味、花草的清香。”

税务员问：“除了健康之外，你还有什么财产？”

老人回答道："我还有一个贤惠的妻子，每天把家布置得十分温馨，有烦恼时总能得到她的安慰和帮助。"

税务员疑惑地说："还有别的什么吗？"

老人兴奋地说："我还有几个孩子，都十分孝顺、聪明而且健康。"

税务员不满地说："你说你是世上最富有的人，那你难道就没有什么房地产和银行存款吗？"

老人看了看她，微笑着说："我拥有了这些，难道还算不上世上最富有的人吗？"

【优秀女孩应该懂的道理】

从这个故事中，我们可以看到知足常乐的可贵。知足常乐是一种健康的人生态度，它让我们用宽容的心态来对待人生、面对生活，因为这种心态能让我们在生活中不贪婪、不奢求、不浮躁，从而达到心境平和而宁静。就生命的本质而言，知足常乐充满了平凡而又深奥的哲理，人人都应该深长思之。

"知足者常乐"是人们津津乐道的人生哲学，知足者常乐，知足便不作非分之想；知足便不好高骛远；知足便安若止水、气静心平；知足便不贪婪、不奢求、不豪夺巧取。知足者温饱不虑便是幸事；知足者无病无灾便是福泽。过分地贪取、无理的要求，只是徒然带给自己烦恼而已，在日日夜夜的焦虑企盼中，还没有尝到快乐之前，已饱受痛苦煎熬了。因此古人说："养心莫善于寡欲。"我们如果能够把握住自己的心，驾驭好自己的欲望，不贪得、不觊觎，做到无欲无求，役物而不为物役，生活中自然能够知足常乐、随遇而安了。在这个物欲横流、竞争异常激烈的社会，虽然人人都明白这个道理，但又有多少人能够真正地体会到"知足者常乐"的意境呢？

贪婪的猴子

轻浮和虚荣是一个不知足的贪食者，它在吞噬一切之后，结果必然牺牲在自己的贪欲之下。

——莎士比亚

据说，在阿尔及尔地区生活着一些贪婪的猴子，它们经常偷食农民的大米，当地的人们很伤脑筋。后来，人们根据这些猴子的特性，发现了一种捕捉猴子的巧妙方法：人们把一只葫芦型的细颈瓶子固定好，系在大树上，再在瓶子中放入猴子最喜欢的大米。当猴子见到瓶子中的大米后，就把爪子伸进瓶子去抓大米。这瓶子的妙处就在于猴子的爪子刚刚能够伸进去，等它抓起一把大米时，爪子就怎么也拉不出来了。

猴子急于吃到瓶子中的大米，贪婪的本性更使它不可能放下已经到手的大米，就这样，它的爪子也就一直抽不出来，只好死死地守在瓶子旁边。第二天早晨，人们把它抓住的时候，它依然不会放开爪子，直到把那米放入嘴里。

【优秀女孩应该懂的道理】

动物尚且贪婪无度，人性的贪婪更是如此。禁不住诱惑，欲壑难填的人往往会在不知不觉中陷入欲望的陷阱，不能自拔。世人如何不心安，只因放纵了欲望，人生的痛苦也是源于贪欲。

这个世界有太多的诱惑，因此有太多的欲望，并随之有太多欲望满足不了的痛苦。我们要以清醒的心态、从容的步履走过人生的岁月，不要让贪婪填满我们的心田。要知道我们终生劳苦而获得的财富和我们所能享受到的世俗的欢乐都只是过眼云烟，只有无欲的心才能给我们以安慰。虚怀若谷方可无忧无虑，对需求的自足，才会远离烦忧。

心态训练营：培养知足心态的方法和技巧

1．要求少一点

人之所以快乐，不是得到的多而是要求的少。要求少一点，期望低一点，生活简单一点，日子就会过得开心一点!

2．控制欲望

当看到自己的欲望难以达到时，我们要懂得理智地抑制不切实际的欲望，这样才不会欲壑难填，才不会犯“人心不足蛇吞象”的错误。

3．珍惜拥有的一切

人们总错误地认为，得不到的永远是最好的；可一旦得到了，过往的努力都成为过眼云烟，剩下的只有践踏。人总是在失去后才想到珍惜，想要去挽回，但并不是所有的东西，在失去后都能重新找回。所以请记住：珍惜现在拥有的一切!

4．减少贪念

真正的满足不在于多加柴草，而在于减少火苗；不在于积累财富，而在于减少贪念。人之所以活得太累，不是因为拥有的东西太少，而是想要的东西太多。只有懂得了适可而止，知足惜福，才能得到真正的幸福与快乐。

阳光的心态——
把脸迎向阳光，我们就不会看到阴影

有个女孩叫莉儿

要有自信，然后全力以赴——假如具有这种观念，任何事情十之八九都能成功。

——威尔逊

莉莲是个年轻的法裔加拿大女孩，在安大略省加纳德河畔的农业社区中长大。16岁那年，父亲认为“莉儿学的已经够用了”，硬要她辍学挣钱，贴补家用。那是1922年，对于一个英语并非母语，而所受的教育和培训又有限的女孩来说，莉儿的未来并不怎么看好。

她的父亲尤金·贝扎尔是个非常严厉的人，几乎不允许孩子说半个“不”字，也从不接受任何辩解。他要莉儿找份工作。然而，因为条件有限，莉儿没有一点自信，她很自卑，不知道自己能干点什么。

虽然找工作的机会渺茫，可莉儿仍然每天乘坐公交车到温泽或底特律那样的“大城市”去。但是她鼓不起勇气去应聘那些广告上的职位，甚至连敲门的信心都没有。每天她就这样乘车来到市里，在大街上漫无目的地闲逛，逛到傍晚再乘车回家。父亲总是问：“今天运气怎么样，莉儿？”“今天运气不……不好，爸。”她嗫嚅着回答。

日子一天天过去，莉儿继续着她的公车旅行，父亲则继续关心着她的工作。父亲的问题变得越来越苛刻，莉儿知道她必须马上敲开一家公司的大门。

这天，在底特律市中心的卡哈特服装公司，莉儿看到这样一则招聘告示："招聘文秘，应聘者请进。"莉儿踏上了通往卡哈特公司办公室的长长楼梯，生平第一次，她小心翼翼地叩响了一扇陌生的门。接待她的是办公室经理玛格丽特·科斯特洛。莉儿用结结巴巴的英语说自己对那个秘书职位很感兴趣，并谎称自己已经19岁了。玛格丽特知道她说的不全是真话，但还是决定给这个姑娘一次机会。她带莉儿穿过卡哈特公司那间陈旧的办公室，里面有一排排的人，坐在一排排的打字机、计算器前面，莉儿觉得仿佛有一百双眼睛正盯着自己。这个乡下女孩羞得下巴抵到了胸前，两眼盯着地面，不情愿地跟着玛格丽特来到那间昏暗的办公室后排。

玛格丽特安排她坐到一台打字机前，对她说："莉儿，让我们见识一下你的真本事吧。"她给了莉儿一封信让她打出来，随后就走了。莉儿看了看钟，现在是上午11：40，马上就该吃午饭了。她寻思到时就可以混在人群中溜掉，不过她觉得自己起码应该试试那封信。

第一次，她打了一行，五个单词，她打错了四个。她把那张纸抽出来扔掉。时钟指向11：45。"到了中午，"她自言自语道，"我就和这些人一起出去，然后他们再也不会见到我了。"

第二次，她打了一段，但还是错了很多。她又把那张纸抽出来扔掉，然后重新开始。这次她把信打完了，可仍是满篇错误。她看看时钟指向11：55，再过五分钟就解放了。

这时办公室另一端的门开了，玛格丽特走了进来。她径直走到莉儿跟前，一只手放在桌上，另一只手放在莉儿的肩上，读着那封信，然后停下来对莉儿说："莉儿，你做得很棒！"

莉儿几乎不敢相信自己的耳朵。她看看信，又抬头看看玛格丽特。正是这么简短的一句鼓励的话打消了莉儿逃跑退缩的念头，让她鼓起了信心。她想："她觉得我做得很棒，那么我一定是真的做得很棒，我想我会被留下的。"

莉儿确实留了下来，而且一干就是51年，其间经历了两次世界大战和一次经济大萧条，历经了数届总统和首相。而她之所以能做到这一切，完全是因为曾有一个人在当初那个羞怯的小女孩敲门的一刻给了她自尊自信。

【优秀女孩应该懂的道理】

一个人最大的敌人就是自己。女孩如果不能够自信地面对某一件事时，就会自乱阵脚，而自信却能让女孩从容自如，使内心生出必胜的信念，这份信念是生活的必需。

自信是一种内心的力量，并不完全取决于别人的眼光。这种力量可以让女孩战胜现实的不如意及自我的挫败感，让她笑对人生。自信的女孩不一定有闭月羞花的容貌，但一定有鹤立鸡群的气质，浑身散发出迷人的人格魅力。

自信是一种精神动力，自信的女孩乐观、开朗，会焕发出无限的生机；自信的女孩，从不掩盖自己的缺陷；自信的女孩，知道什么是她所追求的人生；自信的女孩，永远保持着她们灿烂的笑容，吸引无数的目光。所以，女孩，请保持你的自信！

塞尔玛的转变

开朗的性格不仅可以使自己经常保持心情的愉快，而且可以感染你周围的人们，使他们也觉得人生充满了和谐与光明。

——罗兰

有一个叫塞尔玛的女人陪伴丈夫驻扎在一个沙漠的陆军基地里。她丈夫奉命到沙漠里去演习，她一个人留在陆军的小铁皮房子里，天气热得受不了——在仙人掌的阴影下也有华氏125度。她没有人可以聊天，因为那里只有墨西哥人和印第安人，而他们不会说英语。她非常难过，于是就写信给父母，说要丢开一切回家去。她父亲的回信只有两行，这两行的信却永远留在她心中，完全改变了她的生活：两个人从牢中的铁窗望出去，一个看到泥土，另一个却看到了星星。

塞尔玛一再读这封信，觉得非常惭愧，她决定要在沙漠中找到星星。塞尔玛开始和当地人交朋友，他们的反应使她非常惊奇，她对他们的纺织、陶器产生兴趣，他们就把最喜欢但舍不得卖给观光客人的纺织品和陶器送给了她。塞尔玛研究那些引人入迷的仙人掌和各种沙漠植物、物态，又学习有关土拨鼠的知识。她观看沙漠日落，还寻找海螺壳，这些海螺壳是几万年前的，这沙漠还是海洋时代留下来的——原来难以忍受的环境变成了令人兴奋、流连忘返的奇景。

是什么使这位女士内心有这么大的转变?

沙漠没有改变，印第安人也没有改变，而是这位女士的念头改变了，心态改变了。一念之差使她把原先认为恶劣的情况变为一生中最有意义的冒险。她为发现新世界而兴奋不已，并为此写了一本书，以《快乐的城堡》为书名出版了。她从自己造的牢房里看出去，终于看到了星星。

【优秀女孩应该懂的道理】

只要我们乐观地面对人生，不论遭遇怎样的逆境或磨难，都以乐观的心态面对，就会发现，生活里原来到处都可以充满阳光。

生活中，有些人总是喜欢说，他们现在的状况是别人造成的，环境决定了他们的人生位置，许多事情使他们无法摆脱，也不能往好的方向发展。这是因为他们从未真正地往好的方向想过。他们总是悲观失望，有时即使有好的想法，也马上会被自己所否定。说到底，如何看待人生，全由我们自己决定。在任何特定的环境中，人们还有一种最后的自由，那就是选择自己的态度。

虽然我们无法改变人生，但我们可以改变自己的人生观；虽然我们无法改变环境，但是我们可以改变自己的心境；虽然我们无法调整环境来完全适应自己的生活，但我们可以调整自己的态度来适应一切的环境。人生过程中的挫折、逆境是无法避免的，而我们唯一能做的，便是改变我们自己的心态。只要拥有乐观的态度，总能找到快乐的理由。所以，我们应该用乐观的态度看待人生，用开朗的心情去感受生命，用虔诚的情绪去感激生活。

一位百岁老人

人生的道路都是由心来描绘的。所以，无论自己处于多么严酷的境遇之中，心头都不应为悲观的思想所萦绕。

——稻盛和夫

康倪氏是一个很不幸的女人，却有着乐观的心态。由于命运的安排，她几乎经历了一个女人所能遭遇的一切不幸，然而她却用一颗盛满着希望的心灵演绎了一段幸福美丽的人生。18岁时，她嫁给了邻村的一个生意人，可刚结婚不久，丈夫外出做生意，便如同飞出的黄鹤，一去不返。有人说他死在了强盗的枪下，有人说他是病死他乡了，还有人说他被一家有钱人招了养老女婿。当时，她已经怀上了孩子。

丈夫不见踪影几年以后，村里人都劝她改嫁。没有了男人，孩子又小，这寡居的生活到什么时候是个头啊？但她没有改嫁。她说丈夫生死不明，也许在很远的地方做了大生意，没准哪一天发了大财就回来了。她被这个念头支撑着，带着儿子顽强地生活着。她甚至把家里整理得更加井井有条。她想，假如丈夫发了大财回来，不能让他觉得家里这么窝囊寒碜。

这样过去了十几年，在她儿子17岁的那一年，一支部队从村里经过，她的儿子就跟部队走了。儿子说，他到外面去寻找父亲。

不料，儿子走后又是音信全无。不久有人告诉她说，她的儿子在一次战役中战死了，但她不信。她觉得一个大活人怎么能说死就死呢？她甚至想，儿子不仅没有死，而且做军官了，等打完仗，天下太平了，就会衣锦还乡。她还想，也许儿子已经娶了媳妇，给她生了孙子，回来的时候是一家子人了。

尽管儿子依然杳无音信，但这些想象给了她无穷的希望。她是一个小脚女人，不能下田种地，她就做绣花线的小生意，勤奋地奔走四乡，积累钱财。她告诉人们她要挣些钱把房子翻盖了，等丈夫和儿子回来的时候住。

有一年她得了大病，医生已经认定她无药可救，但她最后竟奇迹般地活了过来，她说，她不能死，如果她死了，儿子回来到哪里找家呢？

这位老人一直在村里健康地生活着，今年已经满百岁了。直到现在，她还做着她的绣花线生意。她天天算着，她的儿子生了孙子，她的孙子也该生孩子了。这样想着的时候，她那布满皱褶与沧桑的脸上，即刻会变成像绣花线一样绚烂多彩的花朵。

【优秀女孩应该懂的道理】

乐观是美好生活的源泉，也是“生活艺术”的最高境界。在这个世界上，唯有一种方法，能让人们感觉到生活都是幸福美好的，那就是保持乐观的心态。乐观心态犹如一轮太阳，使人们沐浴在温暖的阳光下。

人的一生不可能一帆风顺，人都有脆弱和绝望的时候，关键在于我们的心态。悲观的人容易陷入绝望，而乐观的人则往往看见希望。乐观的人，凡事都往好处想，以欢喜的心想欢喜的事，自然成就欢喜的人生；悲观的人，凡事都朝坏处想，越想越苦，终成烦恼的人生。世间事都在自己的一念之间。我们的想法可以想出天堂，也可以想出地狱。

不屈于命运的海伦·凯勒

当生活像一首歌那样轻快流畅时，笑颜常开乃易事；而在一切事都不妙时仍能微笑的人，是真正的乐观。

——威尔科克斯

海伦·凯勒是美国学者，她在一岁半的时候突患急性脑炎，连日的高烧使她昏迷不醒。当她醒来后，眼睛被烧瞎了，耳朵被烧聋了，小嘴也说不出话来，成了一位集聋、哑、盲三位一体的特殊儿童。这样的儿童进行学习是特别困难的。但海伦依靠自身顽强的毅力学习盲文，靠手的触摸来体验文字的含义和别人说话的意思。她在聋哑学校学习了数学、自然、法语、德语，能够用法语和德语阅读小说。考大学时英语和德语还得了优等成绩。1904年，海伦以优异的成绩从大学毕业。然后把自己的一生献给了盲人福利和教育事业。她先后写了14部著作，《我生活的故事》、《走出黑暗》、《乐观》等都产生了世界范围的影响。海伦所面临的是常人无法想象的困境，可她勇于面对现实，敢于拼搏，谱写了一曲激荡人心的生命之歌，赢得了世界舆论的赞扬。联合国还曾发起“海伦·凯勒”世界运动。海伦面对逆境不自卑，在挫折面前不低头，最终成为生活的强者。

【优秀女孩应该懂的道理】

挫折与苦难或许是为你关上了希望之门，但同时也敲开了梦想之窗。如果我们以积极的态度去面对生活，那么逆境带给我们的就不仅是悲伤，还有希望，为自己的心灵打开另一扇窗，乐观地面对一切困难、麻烦和危机，那么，转机往往就潜藏在困境中。

事实上，我们在生活中所遭遇的种种困难、挫折和危机，就像是压在我们身上的“泥沙”。然而，只要我们积极面对，锲而不舍地将它们抖落，然后站上去，即使是掉落到最深的井里，我们也能安然地逃脱。所以，不要屈服于眼前的困境，困境带给我们的不仅仅是苦闷，还有一颗顽强不屈的心。做个争气的人，挑战自己；为自己打开心灵的另一扇窗，善待自己，快乐每一天！

摘得环球小姐桂冠的吴薇

自信是女人最好的装饰品。一个没有信心、没有希望的女人，就算她长得不难看，也绝不会有那种令人心动的吸引力。

——古龙

2003年的中国环球小姐吴薇，单从外表来看，普通得就像一个邻家女孩。但吴薇属于那种非常耐看，而且越接触感觉越好的女孩。她淑女式的微笑后面裹挟着无比的镇定和自信，在不同场合都用真诚的眼神和话语回答着不同的问题，没有一丝拘谨。她的美丽来自她的自信、她的聪慧、她的踏实和平淡。

吴薇在参加环球小姐比赛之前，只是一家银行的普通职员。后来多次参加选美比赛，均以卓尔不群、古典亲和的气质让评委和现场观众赞叹不已，先后获得世界福清小姐大赛的第三名和石狮形象小姐冠军。

女孩子去参加选美，多少总会受到身边人的不解和非议，但吴薇认为："选美本身并没有错，它可以把美和爱带给世界上每一个人。而参加选美对于一个女孩子来说也是一种锻炼的过程，比如像我以前如果面对大场面可能会害怕，但是现在不会了，通过这样的大赛，我成熟了。"

吴薇第一次参加选美比赛，由于经验不足，决赛时败下阵来。不过，这个"第一次"无疑对吴薇的心理承受能力是一个很好的考验，也为她日后奠定了良好的参赛基础。2003年4月，环球小姐中国赛区的比赛在济南举行。

23岁的吴薇抱着"最后一搏"的心态再次出征。"当时我想不管结果如何，中国小姐的选拔都是我最后一次参加比赛，我希望趁自己还有比较好的状态时去见识一下五湖四海的女孩。"吴薇注重的是参与的过程而不是结果，所以尽管在分赛区的比赛中，她只得了第四名，还是积极地参与到总决赛的培训中，把自己最好的精神风貌带到总决赛。这次，吴薇笑到了最后，把中国环球小姐的桂冠紧紧握在了自己手中。有人问到吴薇夺冠的最大优势是什么，她笑着说："自信是对美丽最好的表现。其实我始终都认为自己是个平常人。环球小姐的比赛就是为我这样的普通女孩准备的，每个自信的女孩子，都能站到这个舞台上来，我得了奖，是我得到了一次机遇。”

吴薇在摘得环球小姐桂冠不久，就有很多影视制作公司向她伸出橄榄枝，美国的一位华裔导演也有意让她参演一部电影，但都被吴薇拒绝了。吴薇认为青春很短暂，要多尝试一些自己感兴趣的事。

吴薇很珍惜银行里的工作。她说：“我觉得那里是最适合我的地方。明星的光彩毕竟只是一时的，而职业的美丽才是永远的。”别看她只有二十几岁，却已经是行里最年轻的副经理了。她认为一个人只要相信自己的能力不比别人弱，带着自信的笑容和充满自信的眼光看待每一件事、每一个人，并学会宽容，就可以在工作中游刃有余。

【优秀女孩应该懂的道理】

无疑，吴薇就是一个有魅力的自信女人。她有让人羡慕的工作，有选美冠军的美称，所有这一切都是靠她的自信得来的。所以，任何一个女孩都不要怀疑自己不美丽，自信就是女孩的魅力。

一个女孩美丽与否，不是因为外在的容貌，关键是她的心中有没有自信。这个世界是由自信心创造出来的。充分的自信，是女孩走上美丽之旅的一个重要条件。自信的女孩，不一定天姿国色，不一定闭月羞花，甚至可能相貌平平，但是因为那份自信，她们瞬间便变得光彩照人，变得淡雅高贵。因而，无论在哪个场合，她们都是最耀眼的焦点，而且永远不会因为容颜的衰老而失去自己的魅力。

刻在玉上的错，不应该再刻在心上

聪明的人永远不会坐在那里为他们的过错而悲伤，却会很高兴地去找出办法来弥补过错。

——莎士比亚

一位年轻人跟一位玉雕大师学习雕玉的技艺。年轻人一学就是九年，师傅把雕玉的步骤、技巧都一一传授于他。无论是选玉的视角、开玉的刀法、下刀的力道、打磨的时间，年轻人都能熟练地把握了。

可有一件事让年轻人不明白，虽然他的操作和师傅一模一样，但大师雕的玉就是比他雕得好看，价格也比他的高出好几倍。年轻人开始怀疑大师没有把绝技传授给他，所以他们雕出来的玉差别才会那么大。

年轻人越想越生气，开始惋惜自己在此花费的九年光阴。一天，大师把他叫到书房对他说："我的全部技艺已经传授于你，你离开师门之前，需雕刻一样作品作为你的毕业总结。我已经在南山购得一块璞玉，准备让你来雕一个蟹篓，雕玉的价钱已经谈好，到时候你可以用这笔收入作为自立门户的本钱。"

年轻人一看那块璞玉，是一块翠绿的极品岫玉，显然是师傅花了大价钱才购得的。年轻人想：我一定要认真雕这块宝玉，一定要超过师傅。于是年轻人憋着一股劲，开始动手雕刻。这种心气让他无法平静下来，手中的刀似乎也不听使唤，终于在雕篓口的一只螃蟹时歪了，刀痕划过美玉，一瞬间，他崩溃了。他无法原谅自己的失误，于是不辞而别，丢下未完成的玉走了。

后来，年轻人在几家玉雕作坊里工作，不过多年来他从没雕出一件像样的作品，因为每当他拿起刻刀，那块翠绿岫玉上的刀痕就会浮现在他脑海里。由于作品一直不出彩，他一次次被作坊老板辞退。在被第八家作坊辞退的时候，他彻底失去信心。这时他想起了大师，决定回去看看。

面对身背荆条跪在门前的徒弟，大师并没有觉得很诧异，只是和过去一样，心平气和地说："开工了。"他哭了，然后跟着大师来到书房，大师从一个方匣中取出那块翠绿岫玉，一刹那间那深深的刀痕又映入他的眼帘。

大师当着他的面，拿起刀在那深深的刀痕上雕琢。没过多久，一只活灵活现的小龙虾出现在螃蟹背上，原来那道刀痕不见了，呈现在眼前的是一件巧夺天工的艺术品。年轻人扑通一下跪在大师的面前，满面羞愧地央求道："请师傅传授这雕玉绝技。"

大师神态平静地对他说："我已经把全部的技艺都教给你了，如果说有什么绝技的话，就是一句话：'刻在玉上的错，不应该再刻在心上'。"

【优秀女孩应该懂的道理】

大师的话多么发人深省啊！看似简单的一句话，却意义深刻，它其实是告诉我们一种对待错误、失误的心态——不要为自己的过失而苦恼。对过去的错误，有机会补救，就尽力补救，没有机会补救，就坚决将其丢到一边，不要陷在过去的泥沼里，越陷越深，无力自拔，否则我们将错失更多的东西。

生活中，总会有一些意想不到的事情发生。当我们面对一些不幸的打击时，要学会潇洒地挥一挥手，告别昨天。不要把宝贵的时间和精力浪费在悔恨、自责和羞愧上。这些负面情绪只会阻止我们改变目前的生活状态，因为它们只会让我们的意识停留在过去。

过去的事就让它过去吧，不要为打翻的牛奶而哭泣，因为我们已经无法去改变它了。但我们要记住，以积极的态度来应付不幸之事就会收到好的效果，只要我们吸取教训，我们便会从中获益。

心态训练营：培养阳光心态的方法和技巧

1．保持自信

自信是成功的前提，也是快乐的秘诀。唯有自信，才能在困难与挫折面前保持乐观，从而想办法战胜困难与挫折。

2．心态平和

心态平和，关键是要有一颗平常心，也就是对己对人不强求，顺其自然，不以物喜，不以己悲。例如，在学习上要能从自己原有的水平出发，同伴之间要相互学习、取长补短；更要自己和自己比，只要自己在不断进步，就是好样的。要有自信心，在日常生活、学习和人际交往中，保持一种积极向上、乐观快乐的心态。

3．乐观的态度

一个人拥有乐观的态度，即便身处逆境，也总能找到快乐的理由。从某种意义上说，真正聪明的人，并不在于他能解决多少问题，而是能保持积极乐观的心态。拥有正确的人生态度，就能多几分从容。

4．换个角度考虑问题

无论生活还是学业，当压力大的时候，学会拐弯，换个角度看问题，改变看事物的角度。变通看问题，心情就会好很多。

坚持的心态——半途而废，看不到最美丽的风景

遭18次辞退的电台广播员

不要失去信心，只要坚持不懈，就终会有成果的。

——钱学森

在美国，曾有一位电台女主持被人贬得一文不值，并在自己的职业生涯中遭遇了18次辞退。

在最初求职的时候，她来到美国大陆无线电台面试。但是因为是女性，遭到了公司的拒绝。接着，她来到了波多黎各工作，由于她不懂西班牙语，于是又花了三年的时间来学习。在波多黎各的日子，她最重要的一次采访，是有一家通信社委托她到多米尼加共和国去采访暴乱，连差旅费也是自己出的。在以后的几年里，她不停面试找工作，不停地被人辞退，有些电台指责她能力太差，根本不懂什么叫主持。

尽管如此，她却从来没有放弃过。1981年，她来到纽约一家电台，但是很快被辞退，失业了一年多。有一次，她向两位国家广播公司的职员推销她的倾谈

节目策划，都没有得到认可。于是她找到第三位职员，他雇用了她，但是要求她改作政治主题节目。她对政治一窍不通，但是她不想失去这份工作，于是她开始“恶补”政治知识。1982年夏天，她主持的以政治为内容的节目开播了，凭着她娴熟的主持技巧和平易近人的风格，让听众打进电话讨论国家的政治活动，包括总统大选，她几乎在一夜之间成名，她的节目成为全美最受欢迎的政治节目。

这个女主持叫莎莉·拉斐尔。现在的身份是美国一家自办电视台节目主持人，曾经两度获得全美主持人大奖。每天有800万观众收看她主持的节目。在美国的传媒界，她就是一座金矿。她无论到哪家电视台、电台，都会带来巨额的回报。

【优秀女孩应该懂的道理】

不管做什么事情，只要放弃了，就没有成功的机会；不放弃，就会一直拥有成功的希望。如果我们有99%想要成功的欲望，却有1%想要放弃的念头，这样也只能与成功擦肩而过。

不幸的是世界上有太多的放弃者。做什么事都会有挫折与困难，一遇到挫折与困难就放弃，有的人一次就放弃，有的人两次后放弃，也有的人坚持到五次后放弃，不管几次，放弃的结果是一样的——失败。失败几次不要紧，只要不放弃，就只有一种结果——成功。时间总是耐心等待那些坚持成功的人，女孩一定要明白，只有坚持不懈才能取得成功。

坚持自己梦想的克拉克

既然我已经踏上这条道路，那么，任何东西都不应妨碍我沿着这条路走下去。

——康德

耶鲁大学的教授克拉克从小有一个梦想，就是希望自己能像他心目中的英雄那样改变世界，服务于全人类。不过，要实现他的目标，他需要受最好的教育，他知道只有在美国才能接受他需要的教育。

无奈的是，他身无分文，没办法支付路费，而且，他根本不知要上什么学校，也不知道会被什么学校招收录取。

但克拉克还是出发了，他必须踏上征途。他知道如果没有开始，就永远没有结果。他徒步从他的家乡尼亚萨兰的村庄向北穿过东非荒原到达开罗，在那儿他可以乘船到美国，开始他的大学教育。他一心只想着一定要踏上那片可以帮助他把握自己命运的土地，其他的一切都可以置之度外。

在崎岖的非洲大地上，艰难跋涉了整整五天以后，克拉克仅仅前进了40多公里。食物吃光了，水也快喝完了，而且他身无分文。要想继续完成后面的几千公里的路程似乎是不可能的，但克拉克清楚地知道回头就是放弃，就是重新回到贫穷和无知。

他对自己发誓：不到美国誓不罢休，除非自己死了。他继续前行。

有时他与陌生人同行，但更多的时候则是孤独地步行。大多数夜晚都是过着大地为床、星空为被的生活。他依靠野果和其他可吃的植物维持生命。艰苦的旅途生活使他变得又瘦又弱。

由于疲惫不堪，克拉克几欲放弃。他曾想说："回家也许会比继续这似乎愚蠢的旅途和冒险更好一些。"

他并未回家，而是翻开了他的两本书，读着那熟悉的语句，他又恢复了对自己和目标的信心，继续前行。

要到美国去，克拉克必须具有护照和签证，但要得到护照他必须向美国政府提供确切的出生日期证明，更糟糕的是要拿到签证，他还需要证明他拥有支付他往返美国的费用。

克拉克只好再次拿起纸笔给童年时曾教过他的传教士写了求助信。结果传教士通过政府渠道帮助他很快拿到了护照。然而，克拉克还是缺少领取签证所必须拥有的航空费用。

克拉克并不灰心，而是继续向开罗前进，他相信自己一定能通过某种途径得到自己需要的这笔钱。

几个月过去了，他勇敢的旅途事迹也渐渐地广为人知。关于他的传说已经在非洲大陆和华盛顿佛农山区广为流传。斯卡吉特峡谷学院的学生在当地市民的帮助下，寄给克拉克640美元，用以支付他来美国的费用。当克拉克得知这些人的慷慨帮助后，他疲惫地跪在地上，满怀喜悦和感激。

经过两年多的行程，克拉克终于来到了斯卡吉特峡谷学院。手持自己宝贵的两本书，他骄傲地跨进了学院高耸的大门。

【优秀女孩应该懂的道理】

“行百里者半九十”。最后的那段路，往往是一道最难跨越的门槛。其实每一个人的一生中，无论工作或生活，都会或多或少地出现这样那样的极限环境，或者说极限困境。有的时候就需要那么一点点毅力，一点点努力地坚持，成功就能触手可及，而不是充满遗憾地擦肩而过。

成功的秘诀不在于一蹴而就，而在于我们是否能够持之以恒。任何伟大的事业，成于坚持不懈，毁于半途而废。世上的事，只要不断努力去做，就能战胜一切。哪怕事情再苦、再难，只要我们不放弃，只要我们“再坚持一下”，我们就有希望，就有成功的可能。

姐妹两人不同的命运

要在这个世界上获得成功，就必须坚持到底：至死都不能放手。

——伏尔泰

有一对姐妹从农村来城里打工，她们既没有学历又没有工作经验，几经周折才被一家礼品公司招聘为业务员。

姐妹二人没有固定的客户，也没有任何关系，每天只能提着沉重的影集、钥匙链、镜框、手电筒以及各种工艺品的样品，沿着城市的大街小巷去寻找买主。半年过去了，她们跑断了腿，磨破了嘴，仍然四处碰壁，连一个钥匙链也没有推销出去。

无数次的失望磨掉了妹妹最后的耐心，她向姐姐提出两个人一起辞职，重找出路。姐姐说，万事开头难，再坚持一阵，兴许下一次就有收获。妹妹不顾姐姐的挽留，毅然告别那家公司。

第二天，姐妹俩一同出门。妹妹按照招聘广告的指引到处找工作，姐姐依然提着样品四处寻找客户。那天晚上，两个人回到出租屋时却是两种心境：妹妹求职无功而返，姐姐却拿回了推销生涯的第一张订单。一家姐姐四次登门过的公司要召开一个大型会议，向她订购了二百五十套精美的工艺品作为与会代表的纪念品，总价值20多万元。姐姐因此拿到两万元的提成，淘到了打工的第一桶金。从此，姐姐的业绩不断攀升，订单一个接一个而来。

几年过去了，姐姐不仅拥有了汽车，还拥有了100多平方米的住房和自己的礼品公司。而妹妹的工作却走马灯似地换着，连穿衣吃饭都要靠姐姐资助。

妹妹向姐姐请教成功真谛。姐姐说："其实，我成功的全部秘诀就在于我比你多了一份坚持。"

【优秀女孩应该懂的道理】

成功的法则是很简单的，那就是锲而不舍。只要我们能坚持到底，我们就会赢得最后的胜利。

在生活和事业中，我们往往因为缺少这种精神而和成功失之交臂。有的时候，成功者与失败者之间的区别也就仅仅在于是否能够坚持到底。成功不在于力量的大小，而在于能坚持多久。只有我们锲而不舍地坚持到底，那么我们就能取得成功。

一次难忘的面试

我们最大的弱点在于放弃。成功的必然之路就是不断地重来一次。

——托马斯·爱迪生

赵雅丽是一名大学毕业生，对于她来说，一生中最难忘的应该是她的第一次面试，也是她最受教育的一次面试。

那天，赵雅丽拿着个人简历去一家IT公司面试。她兴冲冲地提前10分钟到达了公司所在大厦的一楼大厅里。当时，赵雅丽很自信，她专业成绩好，年年都拿奖学金。那家IT公司在这座大厦的12层。这座大厦管理很严，两位精神抖擞的保安分立在门口两旁，他们之间的条形桌上有一块醒目的标牌：“来客请登记。”

赵雅丽整理了一下衣服，然后向前询问：“先生，请问1201房间怎么走？”保安问：“你预约了吗？”“是的，我已经约好时间来面试的。”赵雅丽回答说。“好，请你稍等，我打个电话，核实一下。”说着，保安抓起电话，过了一会说：“对不起，1201房间没人。”“不可能吧，”赵雅丽忙解释，“今天是他们面试的日子，您瞧，我这儿有面试通知。”那位保安又拨了几次电话：“对不起，先生，1201还是没人；我们不能让您上去，这是规定。”

时间一秒一秒地过去。赵雅丽心里虽然着急，也只有耐心地等待，同时祈祷该死的电话能够接通。已经超过约定时间10分钟了，保安又一次彬彬有礼地告诉她电话没通。

赵雅丽当时压根也没想到第一次面试就吃了这样的“闭门羹”。面试通知明确规定：“迟到10分钟，取消面试资格。”她犹豫了半天，只得自认倒霉地回到了学校。

晚上，赵雅丽收到了一封电子邮件：“您好！也许您还不知道，今天下午我们就在大厅里对您进行了面试，很遗憾您没通过。您应当注意到那位保安先生根本就没有拨号。大厅里还有别的公用电话，您完全可以自己询问一下。我们虽然规定迟到10分钟取消面试资格，但您为什么立即放弃却不再努力一下呢？祝您下次成功！”

【优秀女孩应该懂的道理】

当我们面对又一次的失败因而伤心，甚至打算放弃时，我们是不是想过再试一次？要知道，我们成长的过程中总是会遇到这样那样的失败。失败了不要气馁，只要有“再试一次”的勇气和信心，我们就能获得成功。

很多时候，成功往往就在我们想放弃的下一刻出现，如果我们停止努力，就永远不可能享受到成功的果实，只能在成功的面前徒留遗憾。放弃必然导致彻底的失败。而不放弃，总会找到解决的办法，总会有所收获。所以，无论遇到什么困难，我们永远都不要轻易放弃！不放弃，是我们跃过峻岭沟壑的勇气、涉过激流险滩的毅力，拥有了它，我们会走出今日的困惑，拥有了它，我们便拥有了一个光辉灿烂的明天。

居里夫人的成功

只有毅力才会使我们成功，而毅力的来源又在于毫不动摇，坚决采取为达到成功所需要的手段。

——车尔尼雪夫斯基

居里夫人出生在波兰一个贫困家庭，家境的贫穷，造就出她吃苦耐劳、好学不倦的品质。她从小就具有一种面对困难不退缩，坚持到底不动摇的坚强意志。在巴黎求学时，居里夫人租了一间小小的阁楼，那里没有电灯，没有水，没有烤火的煤。每天夜里，她只能到图书馆去看书。冬天的晚上，她把所有的衣服都穿上睡觉还冻得瑟瑟发抖。她经常一连几个星期只吃面包。在这样的环境里，居里夫人坚持学习了四年，终于获得了物理学和数学硕士学位。

1895年，居里夫人与法国物理学家比埃尔·居里结婚。从此，两人走上了同甘共苦，攀登科学高峰的道路。当时，他们的生活仍然十分贫困，为了寻找一种能透过不透明物体的射线，只得借了一个旧木棚充当实验室。实验室里既潮湿又黑暗，下雨天还会漏雨。为了节省开支，他们从很远的地方买来价格便宜的沥青矿渣做原料，靠着几件简陋的设备，开始了繁重的提炼工作。居里夫人每天穿着布满灰尘和油渍的工作服，把矿渣倒进大锅里烧，用一根一人高的木棍不停地搅拌，还要经常将20多千克重的容器搬来搬去……提炼工作经历了无数次的失败，但她没有被困难所吓倒。整整坚持了四年，终于从好几吨的矿渣里提炼出1/10克镭的化合物——氯化镭，它具有极大的放射性。这一发现轰动了全世界。1903

年，居里夫人和她的丈夫双双获得了诺贝尔奖。

正当居里夫人一家的工作、生活条件有所改善时，不幸的事情发生了，1906年4月19日，比埃尔·居里死于一场车祸。居里夫人失去了亲爱的丈夫和最好的导师，她悲痛极了。但她没有消沉，而是挺起胸膛，继续进行科学研究。1910年，居里夫人提炼出1克纯镭。她将这一克镭捐献给法国镭学研究院，用于治疗癌症病人。1911年，居里夫人再次获得诺贝尔奖。

居里夫人就是这样以顽强的毅力，克服了重重困难，坚持科学研究几十年，终于发现了放射性元素镭和钋，成为世界著名的科学家。

【优秀女孩应该懂的道理】

在人生的道路上，总会出现许多的坎坷和不平，当我们遇到困难和挫折的时候，我们要用毅力和智慧去征服它，只有这样，才能顺利地到达成功的彼岸。

坚持的心态是在遇到坎坷的时候反映出来的，而不是顺利的时候。遇到瓶颈问题的时候还要坚持，直到突破瓶颈达到新的高峰。要坚持到底，不能输给自己。

在日常生活中，一个绝境就是一次挑战、一次机遇，如果我们不是被吓倒，而是奋力一搏，也许我们会因此而超越自我。

心态训练营：培养坚持心态的方法和技巧

1．制订计划

首先针对自己所做的事（比如跑步、写日记）做一个切实可行的计划；然后就按部就班地去执行。

2．执行计划

我们做了决定和计划，就必须严格执行。如果我们把决定当儿戏，那么就是甘心让不良的习惯毁掉自己的一生，让自己天天生活在痛苦之中。

3．奖赏或惩罚自己

当我们持之以恒、坚持完成了任务，那么我们就用愉悦、快乐的事物来奖赏和强化自己；当我们不能持之以恒坚持做事，那么就用痛苦、难受的事物来惩罚自己。这样人性的趋乐避苦特性就会让我们进一步来强化和养成持之以恒做事的习惯。

4．将计划告之他人

将我们的计划告诉我们的亲人或朋友，这样我们就会为了不在别人面前失去自己的信誉，而把这个计划坚持下去。这种做法一旦坚持半年以上，那么就会养成习惯。当然，我们也可以让他们一起来培养好习惯。

宽容的心态——胸中天地宽，常有渡人船

一个女人的遗憾

宽容就像天上的细雨滋润着大地。它赐福于宽容的人，也赐福于被宽容的人。

——莎士比亚

有个女人，因为小的时候家里太穷了，她的母亲把她送给了别人。长大后，她知道了这件事，心里极其怨恨自己的亲生父母，觉得他们太狠心了。她的亲生母亲几次想要相认，她都拒绝了，连母亲亲手给她织的毛衣她也一次没有穿过，而是把它收了起来，搁在箱底。就这样，她结了婚，生了孩子，但她一直沉浸在怨恨里。在她30岁的那年，突然传来母亲病危的消息。那时刚好是冬天，乡里的人送来信，说母亲想见她一面，让她穿上那件毛衣。

这个女人听后，心里开始有些慌乱。再怎么着也是生母，她急匆匆地穿上母亲织的毛衣就上路了。在路上，她觉得冷，就把手伸进口袋中取暖，她突然在口袋中摸到了一张纸条。她拿了出来，好奇地打开，原来是母亲写给她的信。母亲在信上

说，家里的另一个孩子是捡来的，那时候实在养活不了两个孩子，才决定把她送出去。因为那个孩子太小，又病得不成样子，除了他们两口子，没人要他。

看完纸条后她非常震惊，眼里涌出了泪水。母亲这么多年来应该是多么的伤心啊，她是她唯一的女儿啊！

赶到母亲那里时，老人已经辞世了。母亲走的时候，手里紧紧地握着一枚蓝色的扣子。在母亲的身边放着一封信，信里说，送给女儿毛衣的那天，母亲回到家里才发现那件衣服上的一枚扣子掉在了地上。母亲把它捡了起来，一直想去帮女儿缝上这枚扣子。想了十几年，希望再见到女儿，母亲欠女儿一枚扣子。

她拿着这枚扣子，扣子已经被磨搓得光滑圆润，亮闪闪的。她不知道，每当深夜时，母亲想起她，就会拿出那枚扣子，放在掌心静静地看，看了十几年。

这个女人的余生都是在悔恨中度过。前30年，她在怨恨中度过；后45年，她在悔恨中度过。前30年已无法挽回了，为什么后45年还要去为前30年付出那么多的代价呢？如果在母亲给她送来毛衣的那天，她能够宽容一次，那么，她的一生可能就要改写。

【优秀女孩应该懂的道理】

试着用仁慈的宽容之心去对待别人的过失，用感恩的心去对待身边的人，我们就会少一些人生的遗憾。亲情、友情、爱情，想维系这些我们生命中最重要的感情，就要学会宽容。不要因为谁伤害过我们，就沉溺于痛苦的回忆中不能自拔，收起悲伤，原谅对方吧，那样我们就会收获更多的快乐。学会了包容他人，我们就真正地拥有了那份广阔的心胸，那份坦然，那份自然。

化解冲突的服务员

人心不是靠武力征服，而是靠爱和宽容征服。

——斯宾诺莎

有这样一个发生在餐厅里的故事：

“服务员！你过来！你过来！”一位顾客高声喊，指着面前的杯子，满脸寒霜地说："看看！你们的牛奶是坏的，把我一杯红茶都糟蹋了！"

"真对不起！"服务员一边陪着不是，一边微笑着说，"我立即给您换一杯。"

新红茶很快就准备好了，碟子和杯子跟前一杯一样，放着新鲜的柠檬和牛奶。服务员轻轻地放在顾客面前，又轻声地说："我是不是能建议您，如果放柠檬就不要放牛奶，因为有时候柠檬酸会造成牛奶结块。"

那位顾客的脸一下子红了，匆匆喝完茶，走出去。

有人笑问服务员："明明是他土，你为什么不直接说他呢？他那么粗鲁地叫你，你为什么不还以颜色？"

"正是因为他粗鲁，所以要用婉转的方式对待；正因为道理一说就明白，所以用不着大声。"服务员说。

那个问话人同意地点了点头。

【优秀女孩应该懂的道理】

在现实生活中，并不是所有问题都值得去讨论，也不是任何话题都可以拿出来讨论。在有些情况下，因为个人的性格、兴趣和偏好不同，对问题的看法也不相同。这时如果去引发一场争论，那一定没有任何结果，也毫无意义，甚至会使矛盾越闹越大，事情越搞越僵。此时应该有宽容的心态，在有些小事上，没有必要弄得那么清楚明白，不妨大度一些，得理也要让三分，用宽容之心待人。在为人处世上，聪明的女孩要谨记这个道理。

蛮横无理的将军

世界上最宽阔的是海洋，比海洋更宽阔的是天空，比天空更宽阔的是人的胸怀。

——雨果

在日本禅门里，有一位大名鼎鼎的梦窗国师，他德高望重，既是有名的禅师，也是当朝国师。

有一次他搭船渡河，渡船刚要离岸，这时从远处来了一位骑马佩刀的大将军，大声喊道："等一等，等一等，载我过去！"他一边说一边把马拴在岸边，拿了鞭子朝水边走来。

船上的人纷纷说道："船已开行，不能回头了，干脆让他等下一班吧！"船夫也大声回答他："请等下一班吧！"将军非常失望，急得在水边团团转。

这时坐在船头的梦窗国师对船夫说道："船家，这船离岸还没有多远，你就行个方便，掉过船头载他过河吧！"船夫看到是一位气度不凡的出家师父开口求情，只好把船撑了回去，让那位将军上了船。

将军上船以后就四处寻找座位，无奈座位已满，这时他看见坐在船头的梦窗国师，于是拿起鞭子就打，嘴里还粗野地骂道："老和尚！走开点，快把座位让给我！难道你没看见本大爷上船？"没想到这一鞭子正好打在梦窗国师头上，鲜血顺着脸颊汩汩地流了下来，国师一言不发地把座位让给了那位蛮横的将军。

这一切，大家都看在眼里，心里是既害怕将军的蛮横，又为国师的遭遇感到不平，纷纷窃窃私语："将军真是忘恩负义，禅师请求船夫回去载他，他还抢禅师的位子，并且打了他。"将军从大家的议论中，似乎明白了什么。他心里非常惭愧，不免心生悔意，但身为将军却拉不下脸面，不好意思认错。

不一会儿，船到了对岸，大家都下了船。梦窗国师默默地走到水边，慢慢地洗掉了脸上的血污。那位将军再也忍受不住良心的谴责，上前跪在国师面前忏悔道："禅师，我……真对不起！"梦窗国师心平气和地对他说："不要紧，出门在外难免心情不好。"

【优秀女孩应该懂的道理】

宽容是一面镜子，它可以随时照出人的胸怀。得理不饶人、睚眦必报的人只会照出其狭隘的一面；只有胸怀宽广、心地坦荡地对人，镜子里才会有万朵莲花为你绽放。

宽容是一种胸怀，是一种大气，是一种境界，是一种人生的态度。世界上最宽阔的是海洋，比海洋更宽阔的是天空，比天空更宽阔的是人的胸怀。在这个纷扰喧嚣的世界，女孩要想活得幸福与快乐，就要学会宽容。当女孩拥有了宽容的品质，也就拥有了更高的自我。

女孩与教授

人的心只有拳头那么大，可是一个好人的心是容得下全世界的。

——罗大里

一位女孩在一所著名的大学中文系读书，授课的老师中有一位50出头风度翩翩的男教授。教授不仅学识渊博，而且谈吐幽默风趣，经常走到学生们中间和他们谈古论今，成为班里女生的偶像。许多女生甚至主动接近他，希望得到他的提携和指点。

这位女孩也是其中一个。一天，她约了两位要好的女同学一块儿去教授家请教几个问题。来到教授家门前，女孩伸出手来正欲敲门，却发现门是虚掩着的，于是她轻轻地推开，看到了令她目瞪口呆的一幕。

教授正在屋内，拥吻着一个女孩子，而那个女孩子也是他的学生。看到不速之客，教授的手像触电一样一下子猛然放开，脸色霎时变得惨白。

其实教授已经结婚了，有一个他所深爱也深爱着他的妻子。他的妻子在同城的另一所高校任教，他们有一个阳光帅气的即将大学毕业的儿子，这是一个幸福而完美的家庭。他们的家庭和教授本人洁身自律的品质在校内一直有着良好的口碑。

不知所措的双方就这么站着，也许仅仅只有几秒钟的时间，却像一个漫长的世纪，空气死一样的沉寂，听得见彼此猛烈的心跳和呼吸。

仅仅是几秒钟的犹豫和停顿后，女孩坦然地站在教授面前，一脸笑容地说道："教授，我们都是您的学生，您可不能偏心哟，您也吻我一下好吗？"

教授马上清醒过来。他轻轻地拥抱并轻吻了一下她的额头。另两位女同学也马上会意过来。走到教授身边提出了相同的请求，教授一一应允了她们。

几年过去了，教授依然拥有一个美好的家庭和良好的口碑，他变得更加勤奋地研究和著述，并取得了极为丰硕的成果。女孩毕业那年，他曾寄给女孩一张贺卡，上面只有一句话："我永远感激你的善良和智慧，是你拯救了我。"

【优秀女孩应该懂的道理】

宽容也是一种智慧。故事中的女孩在化解尴尬问题的方式上是值得称赞的。她既给教授留了面子，又有效地指出了教授的错误。也正是由于女孩运用自己的智慧来宽容教授，才有了教授最后的成就。其实，很多时候，给别人留个余地和面子，或许就是给了别人一个别样的人生。所以，无论遇到什么事，我们要多想想，怎样用更好的办法去解决，多说几句体谅的话，不要对别人的错误或缺点紧抓不放。记住：保留他人的面子和自尊，是人际交往的底线。

来借钱的远房亲戚

生活中有许多这样的场合：你打算用愤恨去实现的目标，完全可能由宽恕去实现。

——西德尼·史密斯

一位穷困潦倒的远房亲戚来找李女士借钱，说是她丈夫因遇到车祸、脾破裂住进了医院。李女士当时从感情上无法接受她。见到了她，20多年前的往事又浮现在她的眼前，怨恨和气愤使她无法接纳她，真不想让她走进她的家门。因为在20多年前，是她借钱给这个女人的丈夫，她的丈夫才娶了她。当她遇到困难时，而且是急需用钱时，她只想要回借给这个女人丈夫的钱。而娶进来的她，死活不认账，而且当她的母亲代她去表达她的想法，想要回她的钱时，这位女人竟然还动手打了她年近70岁的老母亲。当时她不知道，后来她听了母亲的述说，心里难过极了。钱借给了别人，让老母亲去要债，结果老母亲被欠债的人打了。为了母亲，她决定不要这钱了。多少年过去了，一提起这件事她仍气愤难平！今天，她竟然还有脸来借钱！

后来，在那女人吃饭的时候，李女士顺手拿起一本杂志坐在客厅的沙发看。杂志上的一段话对她启发很大：人世间最宝贵的是宽容，宽容是世界上的稀有珍珠。善于宽容的人，总是在播种阳光和雨露，医治人们心灵和肉体的创伤。同宽容的人接触，智慧得到启迪，灵魂变得高尚，襟怀更加宽广。

等到那女人吃过饭走进客厅时，李女士想：按照她的品行，我不应该同情她。但过去的事已经过去了，再提也没有什么意义，何况母亲已经不在了。我怎么能和他们一般见识？我应该学会宽容，做一个宽容大度的人，原谅他们的过错。现在她的丈夫生命垂危，我不能见死不救……然后，她跑进屋里，拿了500元交给了她。李女士诚恳地说："这钱拿去给你丈夫治病，不要你还了。"她知道她无能力还钱，起码在这几年内。另外，李女士又给了她价值200元钱的补养品，让她丈夫手术后好好调养。她当时非常震惊和感动，扑通一声就跪在地上，泪流满面地说："婶，我对不起你，我们欠您的钱，包括以前的钱，我这辈子还不了，我来世还给您，您的大恩大德我一辈子也报答不完，我给您磕头。"李女士看到她那个样子，又悲又喜，眼泪情不自禁地流出来，她的心情是复杂的，说不清是爱还是宽容。

从那件事情以后，李女士的心情轻松了不少。她想一生中自己最恨的人，自己都原谅了她，还有什么做不到的呢！李女士学会了宽容，让她的人生无憾！

【优秀女孩应该懂的道理】

宽容之于爱，正如和风之于春日，阳光之于冬天，它是人类灵魂里一道美丽的风景。女孩的宽容心是一种非常珍贵的感情，它主要表现为对别人过错的原谅。这种感情对于女孩个性的健康发展以及人际关系的拓展尤为重要。

女孩的生活是多姿多彩的。她们会有很多伙伴，每天在一起学习、生活、做游戏。可是，她们也会碰到一些不顺心的事，比如和小伙伴相处的时候，有时会因为一些小事争得面红耳赤，好朋友之间闹别扭成了陌生人。有的女孩会把不顺心的事都闷在心里不肯说，变得怪僻而孤独；而有的女孩也会控制不住情绪，恼羞成怒与伙伴大打出手，造成一些严重的后果等。要想避免这些事情的发生，女孩需要拥有广阔的胸襟。只有学会宽厚谦让，女孩才能拥有健康的心理，才能与伙伴相处融洽。

心态训练营：培养宽容心态的方法和技巧

1．保持平和的心态

把心态放平和，不管什么事情，什么人，发生了什么样的变故，不管对方如何在我们背后捅刀子，我们都要保持平和的心态，不急不躁，这样，才不会给对方机会，也会让我们宽容他人。

2．学会忘却

人人都有痛苦，都有伤疤，动辄去揭这些伤疤，便添新创，旧痕新伤难愈合。忘记昨日的是非，忘记别人先前对我们的指责和谩骂，时间是良好的止痛剂。学会忘却，生活才有阳光，才有欢乐。

3．不要太计较

每个人都有错误，如果执着于其过去的错误，就会形成思想包袱，不信任、耿耿于怀、放不开，限制了自己的思维，也限制了对方的发展。所以，凡事不可太较真。

4．换位思考

实际上，做到宽容，也需要换位思考，有时候，我们站在自己的角度看问题，可能不够全面，也不会了解对方的心思，所以，换位站在对方的角度看一下，或许我们就会了解其心态，便可以一笑了之了。

5．多看他人的优点

世上无完人，每个人都有长处和短处。假如在与人相处时，我们对他人的缺点、问题盯住不放，就会产生厌恶之情，言辞不满，甚至产生过激行为。相反，假如我们看他人的长处多一些，以宽容心对待，就会由衷地表现出亲切感，相应的言行也会和善而友好。

感恩的心态——懂得感恩，生活处处充满阳光

离家出走的女孩

对孩子来说，父母的慈善价值在于它比任何别的情感都更加可靠和值得信赖。

——罗素

那天，她跟妈妈又吵架了，一气之下，她转身向外跑去。

她走了很长时间，看到前面有个面摊，香喷喷热腾腾，她这才感觉到肚子饿了。可是，她摸遍了身上的口袋，连一个硬币也没有。

面摊的主人是一个看上去很和蔼的老婆婆，看到她站在那边，就问："孩子，你是不是要吃面？"

"可是，可是我忘了带钱。"她有些不好意思地回答。

"没关系，我请你吃。"

很快，老婆婆端来一碗馄饨和一碟小菜。她满怀感激，刚吃了几口，眼泪忽然就掉下来，纷纷落在碗里。

"你怎么了？"老婆婆关切地问。

“我没事，我只是很感激！”她忙擦着泪水，对面摊主人说，“我们又不认识，而你就对我这么好，愿意煮馄饨给我吃。可是我自己的妈妈，我跟她吵架，她竟然把我赶出来，还叫我不要回去！”

老婆婆听了，平静地说道：“孩子，你怎么会这么想呢?你想想看，我只不过煮一碗馄饨给你吃，你就这么感激我，那你自己的妈妈煮了十多年的饭给你吃，你怎么不会感激她呢？你怎么还要跟她吵架呢？”

女孩愣住了。匆匆吃完馄饨，开始往家里走去。当她走到家附近时，一眼就看到疲惫不堪的母亲，正在路口四处张望。这时，她的眼泪又开始掉了下来。

【优秀女孩应该懂的道理】

有时候，我们常常会为别人给予自己的帮助而感激万分，却对父母的恩情熟视无睹。这实在是可悲的。在人的一生中，对自己恩情最深的莫过于父母，是父母给予了我们生命，是父母辛勤地养育着我们。我们的成长凝聚着父母的心血，不要总认为父母所做的一切理所当然。他们把我们带到这个美丽的世界已经足够伟大了！还要把我们养大成人，并且不求任何回报，默默地付出，这还不足以让我们感谢吗？所以我们要牢记父母的恩情，感恩父母。

感恩的回报

生活需要一颗感恩的心来创造，一颗感恩的心需要生活来滋养。

——王符

在一个闹饥荒的城市，一个心地善良的面包师把城里最穷的几十个孩子聚集到一块儿，然后拿出一个盛有面包的篮子，对他们说：“这个篮子里的面包你们一人一个。在上帝带来好光景以前，你们每天都可以来拿一个面包。”

瞬间，这些饥饿的孩子一窝蜂似地涌了上来。他们围着篮子推来挤去大声叫嚷着，谁都想拿到最大的面包。当他们每人都拿到了面包后，竟然没有一个人向这位好心的面包师说声谢谢就走了。

但是有一个叫依娃的小女孩却例外。她既没有同大家一起吵闹，也没有与其他人争抢。她只是谦让地站在一步以外，等别的孩子都拿到面包以后，才把剩在篮子里最小的一个面包拿起来。她并没有急于离去，而是向面包师表示了感谢，并亲吻了面包师的手之后才向家走去。

第二天，面包师又把盛面包的篮子放到了孩子们的面前，其他孩子依旧如昨日一样疯抢着，羞怯、可怜的依娃只得到一个比头一天还小一半的面包。当她回家以后，妈妈切开面包，许多崭新、发亮的银币掉了出来。

妈妈惊奇地叫道："立即把钱送回去，一定是面包师揉面的时候不小心揉进去的。赶快去，孩子，赶快去！"当依娃拿着钱回到面包师那里，并把妈妈的话告诉面包师的时候，面包师慈爱地说："不，我的孩子，这没有错。是我把银币放进小面包里的，我要奖励你。愿你永远保持现在这样一颗感恩的心。回家去吧，告诉你妈妈这些钱是你的了。"她激动地跑回了家，告诉了妈妈这个令人兴奋的消息，这是她的感恩之心得到的回报。

【优秀女孩应该懂的道理】

懂得感恩的女孩是幸福的，在她感恩的同时，会得到双倍的快乐与幸福。感恩是一种对恩惠心存感激的表示，是每一位不忘他人恩情的人萦绕心间的情感。如果在我们的心中培植一种感恩的思想，则可以沉淀许多的浮躁、不安，消融许多的不满与不幸。只有心怀感恩，我们才会生活得更加美好。

对女孩来说，学会感恩，就会善待自己，更好地生活；学会了感恩，就会懂得宽容，不再抱怨，不再计较；学会感恩，我们便能以一种更积极的态度去回报我们身边的人；学会感恩，我们会抱着一颗感恩之心，去帮助那些需要帮助的人；学会感恩，我们会摒弃那些阴暗自私的欲望，使心灵变得澄清明净……

感谢你所拥有的

感谢命运，感谢人民，感谢思想，感谢一切我要感谢的人。

——鲁迅

在感恩节期间，有一位先生垂头丧气地来到教堂，坐在牧师面前，他对牧师诉苦："都说感恩节要对上帝献上自己的感恩之心，如今我一无所有，失业已经大半年了，找了10多次工作，也没人用我，我没什么可感谢的了！"牧师问他："你真的一无所有吗？上帝是仁慈的，神依然爱你，你没觉得？好，这样吧，我给你一张纸，一支笔，你把我问你答的记录下来，好吗？"

（1）牧师问他："你有太太吗？"

他回答："我有太太，她不因我的困苦而离开我，她还爱着我。相比之下，我的愧疚也更深了。"

（2）牧师问他："你有孩子吗？"

他回答："我有孩子，有五个可爱的孩子，虽然我不能让他们吃最好的，受最好的教育，但孩子们很争气。"

（3）牧师问他："你胃口好吗？"

他回答："呵，我的胃口好极了，由于没什么钱，我不能最大限度地满足我的胃口，常常只吃七成饱。"

（4）牧师问他："你睡眠好吗？"

他回答："睡眠？呵呵，我的睡眠棒极了，一碰到枕头就睡熟了。"

（5）牧师问他："你有朋友吗？"

他回答："我有朋友，因为我失业了，他们不时地给予我帮助！而我无法回报他们。"

（6）牧师问他："你的视力如何？"

他回答："我的视力好极了，我能够清晰地看见很远地方的物体。"

于是他的纸上就记录下这么六条：（1）我有好太太；（2）我有五个好孩子；（3）我有好胃口；（4）我有好睡眠；（5）我有好朋友；（6）我有好视力。

牧师听他读了一遍以上的6条，说："祝贺你！感谢我们的上帝，他是何等地保佑你，赐福给你！你回去吧，记住要感恩！"

他回到家，默想刚才的对话，照照那久违的镜子："呀，我是多么的凌乱，又是多么的消沉！头发硬得像板刷，衣服也有些脏……"

后来，他带着感谢神的心，精神也振奋了不少，找到了一份很好的工作。

【优秀女孩应该懂的道理】

感恩，是一种歌唱生活的方式。它源自人们对生活的真正热爱。感恩之心足以稀释我们心中的狭隘和蛮横，更能赐予人真正的幸福与快乐。心存感恩，我们就会感到幸福。

感恩和幸福永远是一对孪生兄弟，只有一个常怀感恩之心的人，才能获得幸福。有一句话说："所谓幸福，就是拥有一颗感恩的心，一个健康的身体，一份称心如意的工作，一个相知相伴的爱人，一群值得信赖的朋友。"生活需要感恩，常怀感恩之心，才能领悟美好。人之所以有感情，是因为生命会感动，所有的感动，都源于感恩。

祈求的手

没有感恩就没有真正的美德。

——卢梭

15世纪，在纽伦堡附近有一户贫困家庭，家里有18个孩子。为了养家糊口，孩子的父亲每天都要工作18个小时。

尽管家境如此困苦，但有两个孩子都梦想当艺术家。不过他们很清楚，家里根本没有经济能力把他们中的任何一人送到纽伦堡的艺术学院去学习。

为了实现梦想，两个孩子一直在寻找解决学费问题的办法。经过夜晚床头无数次的私议之后，他们最后议定掷硬币——输者要到附近的矿井下矿四年，用他的收入供给到纽伦堡上学的兄弟；而胜者则在纽伦堡就学四年，然后用他出售的作品收入支持他的兄弟上学，如果必要的话，也得下矿挣钱。

在一个星期天做完礼拜后，他们掷了钱币。阿尔勃累喜特·丢勒赢了，于是他离家到纽伦堡上学，而他的兄弟艾伯特则下到危险的矿井，以便在今后四年资助他的兄弟。阿尔勃累喜特在学院很快引起人们的关注，他的铜版画、木刻、油画远远超过了他的教授的成就。到毕业的时候，他的收入已经相当可观。

当阿尔勃累喜特衣锦还乡时，全家人在草坪上为他祝贺，并举行了盛大的餐宴。吃完饭，阿尔勃累喜特从桌首荣誉席上起身向他亲爱的兄弟敬酒，因为他多年来的牺牲使自己得以实现理想。"现在，艾伯特，我受到祝福的兄弟，应该倒过来了。你可以去纽伦堡实现你的梦，而我应该照顾你了。"阿尔勃累喜特以这句话结束了他的祝酒词。

大家都把期盼的目光转向餐桌的另一端，艾伯特坐在那里，泪水从他苍白的脸颊流下，他连连摇着低下去的头，呜咽着再三重复："不……不……不……"

最后，艾伯特起身擦干脸上的泪水，低头瞥了瞥长桌前那些他挚爱的面孔，把手举到额前，柔声地说："不，兄弟。我不能去纽伦堡了。这对我来说已经太迟了。看……看一看四年的矿工生活使我的手发生了多大的变化！每根指骨都至少遭到一次骨折，而且近来我的右手被关节炎折磨得甚至不能握住酒杯来回敬你的祝词，更不要说用笔、用画刷在羊皮纸或者画布上画出精致的线条。不，兄弟……对我来讲这太迟了。"

为了报答艾伯特所做的牺牲，阿尔勃累喜特·丢勒苦心画下了他兄弟那双饱经磨难的手，细细的手指伸向天空。他把这幅动人心弦的画简单地命名为《手》，但是整个世界几乎立即被他的杰作折服，又把他那幅爱的贡品重新命名为《祈求的手》。

当你看见这幅动人的作品时，请多花一秒钟看一看。它会提醒你，没有家人——永远也不会有人能独自取得成功。

【优秀女孩应该懂的道理】

一个人的家庭和事业应该是相辅相成的关系，要想在事业上有点成绩，离不开家人的理解和支持。只有取得家人全力的支持，我们的事业才会更上一层楼。世界再大、机会再多，没有身边家人的理解和支持，我们的世界将是孤独和黑暗的，一切希望都只是泡影。

家人的理解和支持，是我们不断实现理想，一次又一次走向辉煌的动力。有了家人的全力支持，天下无难事。因此，当我们经过努力付出，取得丰硕的成果之后，一定要记住，与家人一同分享，并与他们一起成长。因为人的成长离不开家人的支持。

家人给予了我们生活的力量；给予了我们未来的希望；家人是我们一生中最应该感谢的人。朋友，无论我们走到哪里，要记得家人对我们的恩惠，用心地对我们的家人说句"感谢"吧！

别忘记感谢自己

在追逐梦想和希望的路上，我们每一个人都应该享受更多舒适和愉悦，将舒适的心情和氛围带给我们身边的每一个人，让我们彼此都能够以积极的、感恩的心去享受我们的生活。

——佚名

有一个年轻人，他对自己的写作才能充满自信，并为自己的作品深感自豪。但是，除了他本人以外，他的那些作品从来没有其他人看得上眼。这个年轻人曾多次向国内一些出版社的编辑提交过书稿，但最终都没被采纳。尽管有多次被退稿的痛苦经历，他从未对自己的写作才能失去信心，他决心今后成为一名职业作家。于是，他开始为自己的前途奋斗，投入了巨大的精力和时间，以一丝不苟的态度完成了许多书稿的创作。工夫不负有心人。终于有一家出版社的编辑愿意为他出书，他十分激动，随即给编辑写了一封言辞恳切的感谢信。

很快就收到了编辑的回信，信中说："你不要感谢我，我的工作就是为他人作嫁衣。你要感谢的人，应该是你自己，因为作品是你自己创作的。"那位编辑的话，给这位年轻人以后的创作起了极大的鼓励作用，也给他来了很大的人生启迪。后来，这个年轻人成了一名职业作家。

【优秀女孩应该懂的道理】

感谢他人似乎已经成为一种习惯，但我们却从来不曾想过感谢自己。一个人其实最应该感谢的就是自己。如果没有自己主观上的努力，无论客观上怎么去帮助我们，都是没有用处的。所以，是我们自己不断去努力，然后再加上来自外界的推动作用，才使我们走向成功的，所以最先感谢的还是我们自己啊！

生活之中总有太多的事需要我们去感谢，但真正应该感谢的是自己。感谢自己是自己给自己喝彩，感谢自己是为了给自己鼓劲。感激自己，才能让我们在感激中产生一种回报自己的强烈愿望。自己对自己、对心灵衷心地道一声感谢、说一句"您辛苦了"；感恩自己，是自己对自己的一次虔诚地祝福、一次真挚地问候；感恩自己，是自己对自己的一次心灵和灵魂的升华、净化；感恩自己，是自己对自己的一次零距离、零空间地对话，一次自我反省、自我检阅地接触；懂得感恩自己的人，日后更懂得感恩他人！

在生活中要感谢很多人，但女孩千万别忘了：感谢自己。

心态训练营：培养感恩心态的方法和技巧

1．养成感恩的习惯

每天清晨醒来时，我们要默默地感激已有的生活和所爱的人，当然还包括其他我们对之感激的人和事情。

2．感恩父母

学习之余，跟父母聊聊天，对父母说一些感谢的话，上楼时帮家长拿包或其他东西；长辈生病在家，跑前跑后端茶倒水、嘘寒问暖；当父母忙碌疲惫的时候为他们准备洗脚水。自然地、主动地去做，虽然事情不大，但父母能从我们的言行中得到极大的满足。

3．关爱他人

学会关爱身边的人，存好心，做好人，及时给他人送上温暖。多做善事、好事，尽自己最大的力量报效国家、社会、人民。

4．列一张感恩表

记下感恩的故事、感恩的人，时时图求报答。

归零的心态——挑战自我，永不满足

归零源于内省

反省是一面镜子，它能将我们的错误清清楚楚地照出来，使我们有改正的机会。

——海涅

有一个叫张莉的女孩，由于家里经济条件不太好，被迫选择在家乡的一所大学走读。感到委屈的她，有一天在和母亲发生激烈的争吵后，冲动之下在交给老师的卡片上写下了一句“我是傻瓜的女儿”。卡片交给老师之后，张莉便感到有些后悔，开始变得惴惴不安起来。第二天上课的时候，老师并没有专门向她说什么，只是在发还给她的卡片上写了简短的一句话：“是不是‘傻瓜的女儿’与一个人未来的人生有多少关系呢？”老师的话引起了张莉深深地反思：“我常常把不顺心的事情归咎于父母，总是想：如果不是因为他们没有钱，如果不是他们错误地干涉，如果不是他们没有本事，我就不至于落到这个地步。而对于自己却缺少自知之明，理直气壮地认为自己总是对的，总是把成功归功于自己，把失败推诿给父母。”老师简单的一句话引发了张莉的反省，让她从“自我中心”中跳出来，检讨自己，并学会了做一个有责任感的人。变化在不知不觉中发生了，一个学期之后，张莉的学习成绩提高了，朋友也增加了，而最令人欣喜的是，和母亲的争吵也完全消失了。

【优秀女孩应该懂的道理】

一个不会自我反省的孩子永远也长不大。只有通过反省，孩子才能及时修正错误，并且不断地调整自身对于外界信息掌握的灵敏度和准确度，以确保能正确把握自己的生活。

对于女孩来说，学会自我反省，是关系到她们当前的良好发展和日后的人格塑造。一个不懂得自我反省的女孩，永远不会懂得自己的过错与不足，这只能为她们的成长平添许多障碍与烦恼，反之，当女孩学会了内省，便能做到扬长避短，获得良好的进步和发展，从而成为一个自信、自立、自律的人。只有这样的人，才能顺利地越过成长过程中的障碍，抵达成功的彼岸。

自我反省是认识自我、发展自我、完善自我和实现自我价值的最佳方法。女孩不妨在每天睡觉前，好好问问自己下面的问题：今天我到底学到些什么？我有什么样的改进？我是否对所做的一切感到满意？如果我们每天都能提高自己的能力并且过得很快乐，必然能获得意想不到的丰富人生。

满招损，谦受益

虚心使人进步，骄傲使人落后，我们应当永远记住这个真理。

——毛泽东

爱因斯坦是20世纪世界上最伟大的科学家之一。他的相对论以及他在物理学界其他方面的研究成果，留给我们的是一笔取之不尽、用之不竭的财富。然而，就是他这样一个伟人，在有生之年还是不断地学习、研究，活到老，学到老。

有一位年轻人问爱因斯坦，说：“您老可谓是物理学界的空前绝后了，何必还要孜孜不倦地学习，何不舒舒服服地休息呢？”爱因斯坦并没有立即回答他这个问题，而是找来一支笔、一张纸，在纸上画上一个大圆和一个小圆，对那位年轻人说："在目前情况下，在物理学这个领域里可能是我比你懂得略多一些。正如你所知的是这个小圆，我所知的是这个大圆，然而整个物理学知识是无边无际的。对于小圆，它的周长小，即与未知领域的接触面小，他感受到自己未知的少；而大圆与外界接触的这一周长，所以更感到自己未知的东西多，会更加努力地去探索。"

1929年3月14日是爱因斯坦50岁生日。全世界的报纸都发表了关于爱因斯坦的文章。在柏林的爱因斯坦住所中，装满了好几篮子从世界各地寄来的祝寿的信件。

然而，此时的爱因斯坦却不在自己的住所里，他在几天前就到郊外的一个花匠的农舍里躲了起来。

爱因斯坦9岁的儿子问他："爸爸，您为什么那样有名呢？"

爱因斯坦听了哈哈大笑，他对儿子说："你看，瞎甲虫在球面上爬行的时候，它并不知道它走的路是弯曲的。我呢，正相反，有幸觉察到了这一点。"

爱因斯坦就是这样一个谦虚的人，名声越大，他就越谦虚。

【优秀女孩应该懂的道理】

世界上只有虚怀若谷的求知者，没有狂妄自大的成功者，认为自己一无所知才能让自己不断进步，这就是爱因斯坦以及所有人的成功之道。一个人不管自己有多丰富的知识，取得了多大的成绩，或是有了何等显赫的地位，都要谦虚谨慎，不能自视过高。只有心胸宽广，博采众长，才能不断地丰富自己的知识，增强自己的本领，进而创造出更大的业绩。

谦虚是一种美德，但这种美德在现在的一些孩子身上很难发现。生活中，有的女孩拥有了某一些方面的特长，就觉得自己水平很高，从而就骄傲起来；有的考试成绩好，就瞧不起成绩差的同学，甚至觉得自己什么都比人家厉害。俗话说"谦受益，满招损。"骄傲自大对女孩的成长很不利。因此，女孩学会谦虚是非常重要的，否则会让自己始终处在一种自大之中，甚至不可一世。

虚心向他人学习

成功的第一个条件是真正的虚心，对自己的一切敝帚自珍的成见，只要看出同真理冲突，都愿意放弃。

——斯宾塞

李丽和苏青是同一批受雇于一家大型超市的员工。开始大家都是一样的，从最基层做起。可不久李丽就受到总经理的青睐，一再被提升，从领班直到部门经理。苏青就像是被人遗忘了一般，还是停留在最初的岗位。终于有一天苏青忍无可忍，就向经理提出辞职，并痛说总经理不了解实际情况，自己辛勤工作却得不到提拔，只提拔那些溜须拍马的人。

总经理耐心地听她说着，他了解她，工作吃苦，但好像缺了点什么，缺什么呢？三言两语说不清楚，说清楚了她也不服呀？看来……他忽然有了个主意。

“苏青”，总经理说，“你现在就到集市去，看看今天有什么卖的。”

苏青很快就从市集回来说：“有个农夫刚拉来了一车玉米在卖。”

“这车玉米大约有多少袋，多少斤？”总经理问。

苏青又跑出去，回来说有10袋。

“是什么价格呢？”苏青再次跑去。

总经理望着她跑得很累就说：“请你休息一下吧，看看李丽是怎样做的。”说完，叫来李丽说：“李丽，您马上到集市去，看看今天有什么卖的。”

李丽很快从集市回来了，汇报说有一个农夫在卖玉米，有10袋，价格适中，质量很好，她还带了几个让总经理看看。这个农夫过一会还将弄几箱西红柿上市呢，据她看，价格还算公道，可以进一些货。想到这种价格的西红柿总经理大概会考虑进货，所以她不仅带回了几个西红柿作为样品，而且还把那个农夫也带来了，他现在就在外面等着回话呢？

总经理看着脸红的苏青，诚恳地说：“职位的升迁是要靠能力的。不过眼下，您还得学一段时间，看看别人是怎么做的。”

【优秀女孩应该懂的道理】

善于向他人学习，是提高自己的一种有效手段。每个人身上都有值得学习的地方。我们需要有一双善于发现别人优点的眼睛。“三人行，必有我师焉”。把别人当成自己的一面镜子，可以从他们那里知道自己的浅薄和丑陋，还可以从他们那里得到鞭策和鼓舞。

对女孩来说，我们可以在和朋友、同学之间的互相学习中找到自己的缺点，发现他人的优点，弥补自己的缺点；勤于向他人学习，虚心接受他人正确的意见，这是使自己在短时间内取得最大进步的秘诀。同时还可以改善与他人的关系。每个人都乐于与他人分享自己的经验，每个人都是有奉献精神的。我们学习别人的长处，别人也可以学习我们的长处，这个分享与互动的过程，会让我们和同学、朋友的关系更为融洽。

黑带的真义

所谓活着的人，就是不断地挑战的人，不断攀登命运险峰的人。

——雨果

一位武学高手在一场典礼中，跪在武学宗师的面前，正准备接受来之不易的黑带。经过多年的严格训练，这个徒弟武功不断精进，终于可以在这门武学里出人头地了。

“在颁给你黑带之前，你必须再通过一个考验。”武学宗师说。

“我准备好了。”徒弟答道，心中以为可能是最后一回合的拳术考试。

“你必须回答最基本的问题：黑带的真义是什么？”

“是我学武历程的结束，”徒弟不假思索地回答：“是我辛苦练功应该得到的奖励。”

武学宗师等了一会儿，他显然不满意徒弟的回答，最后他开口了：“你还没有到拿到黑带的时候，一年后再来。”

一年后，徒弟再度跪在武学宗师面前。

“黑带的真义是什么？”宗师问。

“是本门武学中杰出和最高成就的象征。”徒弟说。

武学宗师过了好几分钟都没有说话，显然他并不满意，最后他说道：“你还是没有到拿到黑带的时候，一年后再来。”

一年后，徒弟又跪在武学宗师面前。

“黑带的真义是什么？”

“黑带代表开始，代表无休止的纪律、奋斗和追求更高标准的历程的起点。”

“好，你已经准备就绪，可以接受黑带和开始奋斗了。”武学宗师欣慰地答道。

【优秀女孩应该懂的道理】

人生是一个不断发展、不断超越自我的过程，而只有那些在这个过程中不断自我挑战的人，才是真正的胜者。超越自我意味着不断地追求、顽强地奋斗；意味着走前人没有走过的路，在我们的生活中寻找新的起点。

超越自我是生命的要求。只有把自己当作对手，不断超越自我，才能成就大事。人活在世上，不能只贪图安逸享受。慵懒自私的人，永远也享受不到人生的真正乐趣。只有努力创造，全力拼搏，不断超越，才能在激烈的竞争中占有自己的位置，使生命的碰撞发出耀眼的火花。

活到老，学到老

人不光是靠他生来就拥有一切，而是靠他从学习中所得到的一切来造就自己。

——歌德

这是美国东部一所大学期终考试的最后一天。在教学楼的台阶上，一群工程学高年级的学生挤做一团，正在讨论几分钟后就要开始的考试。他们的脸上充满了自信。这是他们参加毕业典礼和工作之前的最后一次测验了。

一些人在谈论他们现在已经找到的工作；另一些人则谈论他们将会得到的工作。带着经过4年的大学学习所获得的自信，他们感觉自己已经准备好了，并且能够征服整个世界。

他们知道，这场即将到来的测验将会很快结束，因为教授说过，他们可以带自己想带的任何书或笔记。要求只有一个，就是他们不能在测验的时候交头接耳。

他们兴高采烈地冲进教室。教授把试卷分发下去。当学生们注意到只有五道评论类型的问题时，脸上的笑容更加生动了。

三个小时过去了，教授开始收试卷。学生们看起来不再自信了，他们的脸上是一种恐惧的表情。没有一个人说话。教授手里拿着试卷，面对着整个班级。

他俯视着眼前那一张张焦急的面孔，然后问道："完成五道题目的有多少人？"没有一只手举起来。"完成四道题的有多少？"仍然没有人举手。"三道题？"学生们开始有些不安，在座位上扭来扭去。"那一道题呢？"

但是整个教室仍然很沉默。

"这正是我期望得到的结果。"教授说，"我只想给你们留下一个深刻的印象，即使你们已经完成了四年的工程学习，关于这项科目仍然有很多的东西你们还不知道。这些你们不能回答的问题是与每天的普通生活实践相联系的。"然后他微笑着补充道："你们都会通过这个课程，但是记住——即使你们现在已是大学毕业生了，你们的学习仍然还只是刚刚开始。"随着时间的流逝，教授的名字已经被遗忘了，但是他教的这堂课却没有被遗忘。

【优秀女孩应该懂的道理】

知无涯，学无境。学习是没有终点的。在现实生活中，无论是在哪个年龄阶段，在哪种环境里，人们都应该不断学习，人生是不会毕业的。只有终生学习，不断学习，才能成为真正的强者，更好地实现自身的价值。

社会竞争日趋剧烈，生活情形日益复杂，所以我们必须具备充分的学识，接受充分的教育训练，来应对社会生活的变化。如果我们满足现状，不思进取，那么，我们就不能使自己的命运向更好的方向发展。在当今社会中，任何人都不能满足现状，只有勤奋努力，才能适应社会生活，实现个人成长目标。

乔治·罗纳的回信

人不能没有批评和自我批评，那样一个人就不能进步。

——毛泽东

乔治·罗纳在维也纳当了很多年律师，但在第二次世界大战期间，他逃到了瑞典，变得一文不名，需要找一份工作。因为他能说也能写好几国的语言，所以希望能够在一家进出口公司找一份秘书的工作。遗憾的是，绝大多数公司都回信告诉他暂时不需要秘书。

有一个人在给乔治·罗纳的信上说："你根本就不了解我的生意，而且你既蠢又笨，我根本不需要任何替我写信的秘书。即使我需要，也不会聘用你，因为你甚至连瑞典文也写不好，信里的错字简直是太多了。"

当乔治·罗纳看到这封信的时候，气得要发疯。于是，他也写了一封信，目的是想要让那个人大发脾气。但是，写完后他很快就冷静下来对自己说："等等，我怎么知道这个人说的是不对的呢？我学过瑞典文，可这并不是我家乡的语言，也许我确实犯了很多我并不知道的错误。要是这样的话，那么我想得到一份工作，就必须再努力学习。他这样做对我也是一个帮助，所以我应该写封信感谢他一番。"

于是，乔治·罗纳撕掉了他刚刚已经写好的那封骂人的信，又另外写了一封信说："感谢您不辞劳苦地写信告诉我我的错误。对于我把贵公司的业务弄错的事我感觉十分抱歉。我之所以给您写信，是因为我听说您是这一行的领导人物。我并不知道在信上我犯了很多文法错误，我觉得很惭愧，也非常难过。我现在打算更努力地学习瑞典文，以改正错误，谢谢你帮助我走上改进的道路。"

几天后，乔治·罗纳就收到那个人的信，邀请乔治·罗纳去看他。乔治·罗纳去了，那个人为他提供了一份工作。乔治·罗纳因此发现，接受他人的批评竟然有如此大的力量。

【优秀女孩应该懂的道理】

人往往都是喜欢被人夸奖的，很少人喜欢被别人批评。因此，接受批评，这是一种最难培养的习惯。但我们也要知道，接受他人的批评是我们改正错误、不断成长的动力。有时别人的批评不是对我们个人本身的不满，而是对我们做事或是对人态度的不满。他们的批评是对我们做事的建议，并不是无中生有的挑剔。善意的批评可以让我们知道自己存在着哪些不足和缺点，以便能逐步弥补和改掉它们，去完善自己。

女孩要学会虚心接受他人的批评。如果有人批评我们，这时不要先替自己辩护。我们要谦虚，要明理，要先去看批评的意见。对的批评，我们要接受，并反思和改正自己的问题；错的批评，我们就暂且当成是一种忠告，引以为戒，没什么大不了的。其实一个优秀的女孩的成长，就是接受批评与自我完善的过程。

心态训练营：培养归零心态的方法和技巧

1．胜不骄，败不馁

取得了良好的成绩，固然值得庆祝，但之后就要忘掉它，从头再来，不要让骄傲情绪控制我们。对待失败也是一样：总结一下为什么会失败，然后忘掉它，从头再来，不要让沮丧情绪控制我们，为今后避免失败铺平道路。

2．正确认知自己

每个人都有自己的优点和长处，但同时也都有各自的不足和短处，任何方面都比别人强是不可能的。要扬长避短，在学习和生活中要学会正视、欣赏别人的优点和长处，从而能够向别人学习、借鉴，以弥补自己的不足，用自己的成功来赢得别人的喝彩。

3．保持谦虚

我们每个人要把自己当作新生的婴儿，虚心地向身边的每一个人学习。倾空自己的杯子，抱着一种求知似渴的学习态度。骄傲会让我们停滞不前，只有谦虚才会让自己有长进。

4．永不满足

随时对自己拥有的知识进行重整，清空过时的，为新知识的进入腾出空间，保证自己的知识总是最新；永远不自满，永远在学习，永远保持新的活力。

中篇

优秀女孩必备的 8 种习惯

好习惯可以决定一个人的人生价值。对女孩来说，养成良好的习惯是非常重要的。什么是习惯呢？习惯其实就是一种思维和行为的定式，特别是一种行为的定式，就是使人可以不假思索地就去做一件事情的意识。

习惯是一个人最重要的、最稳定的素质。任何一种能力的形成都是养成好习惯的结果。好习惯是健康人格的基础，是成功人生的根本，更是成功的捷径。许许多多的事例表明：不同的习惯是成功和失败的分水岭。好习惯是开启成功大门的钥匙，而坏习惯则是导向失败的歧途。习惯的力量是惊人的，习惯影响着女孩一生！

勤于思考的习惯——有什么样的思路，就有什么样的出路

发现财富的眼光

独立思考和独立判断的一般能力，应当始终放在首位。

——爱因斯坦

一位商人，出生在一个嘈杂的贫民窟里。和所有出生在贫民窟的孩子一样，他经常打斗、喝酒、吹牛和逃学。

唯一不同的是，他天生具有一种赚钱的能力。他把从街上捡来的一辆破玩具车修整好，然后租给同伴们玩，每人每天收取半美分租金。一个星期之内，他竟然赚回了一辆新玩具车。他的老师对他说："如果你出生在富人家庭，你会成为一个出色的商人，但是，这对你来说不可能。不过，也许你能成为街头的一位商贩。"

中学毕业后，他真的成了一个商贩，正如他的老师所说。不过在他的同龄人当中，这已经相当体面了。他卖过小五金、电池、柠檬水，每一样都得心应手。最后让他发迹的是一堆丝绸。这些丝绸来自日本，因为在海上遭遇风暴，结果一船的货都变成了废品。

这些被暴雨和颜料污染的丝绸数量足有一吨之多，成了日本人头疼的东西。他们想低价处理掉，但是却无人问津。想搬运到港口扔进垃圾堆，又怕被环保部

门处罚。于是，日本人打算在回程的路上把丝绸抛到海中。

有一天，商人在港口的一个地下酒吧喝酒，那天他喝醉了，当他步履蹒跚地走过两位日本海员旁边时，正好听到他们在谈论丝绸的事情。

第二天，他就来到了海轮上，用手指着停在港口的一辆卡车对船长说："我可以帮忙把丝绸处理掉，如果你们愿意象征性地给一点运费的话。"

他不花任何代价拥有了这些被雨水浸过的丝绸。他把这些丝绸加工成迷彩服、领带和帽子，拿到人群集中的闹市出售。几天之后，他靠这些丝绸净赚了10万美元。

现在他已不是商贩，而是一个商人了。

有一次，他在郊外看上了一块地，就找到土地的主人，说他愿花10万美元买下来。

主人拿了他的10万美元，心里嘲笑他的愚蠢：这样一个偏僻的地段，只有呆子才会出这样高的价。

一年后，市政府对外宣布，要在郊外建造环城公路，他的地皮一下子升值了150多倍。从此，他成了远近闻名的富翁。

在他77岁时，终于因病躺下了，再也不能进行任何商务活动。然而，就在临死前，他让秘书在报纸上发布了一则消息，说他即将要去天堂，愿意为人们向已经去世的亲人带一个祝福的口信，每则收费100美元，结果他赚了10万美元。如果他能在病床上多坚持几天，可能还会赚得更多一些。

他的遗嘱也十分特别，他让秘书再登一则广告，说他是一位礼貌的绅士，愿意和一位有教养的女士同卧一块墓穴。结果，一位贵妇人愿意出资5万美元和他一起长眠。

有一位资深的经济记者，热情洋溢地报道了他生命最后时刻的经商经历。文中感叹道："每年去世的富人难以数计，但像他这样怀着对商业的执着精神，坚持到最后的人能有几个？"

这就是一个人怎样成为千万富翁的全部秘密。

【优秀女孩应该懂的道理】

一个有志于成功的人，若能洞悉需求的动向，并具有发现财富的开拓胆识，就能独辟蹊径，闯出属于自己的一片天地。在这个世界上，财富只是个常量，而智慧才是真正的变量——那是可以点石成金的点金术。其实，这个世界上并不缺少财富，缺少的只是一双善于发现财富的慧眼——那是需要靠思考去点燃、靠勇气去实践的真正的点金术。

换个思路就会成功

所谓真正的智慧，都是曾经被人思考过千百次；但要想使它们真正成为我们自己的，一定要经过我们自己再三思维，直至它们在我个人经验中生根为止。

——歌德

某厂从国外引进了一台样机，在仿制生产时，有技术员发现，样机的底座上有一个螺帽，仅仅是旋在底座上，与其他部件没有任何联系。那么，这样一个螺帽起什么作用呢？该厂从领导到技术员无一能够理解。最后，领导拍板："既然人家的样机上有这样一个螺帽，那想必就有它存在的道理，我们照葫芦画瓢就行了。"于是，该厂工人便在本来完好无缺的底座上钻一个孔，然后旋上一个螺帽。不久后，样机的生产商派技术员来进行回访，发现该厂生产的机器底座上都安了一个螺帽，忍不住放声大笑：原来样机上的那个螺帽，是因为当时生产时工人不小心钻错了一个孔，为了掩饰这个错误，才安的一个螺帽，哪想到这个厂竟会如此不动脑筋地照葫芦画瓢。

其实也不是这个厂的人不动脑筋，事实上他们也就这个问题进行过多次研究，但因为他们头脑里有个固定的思路，那就是人家的东西就是完全正确的，我们只要照着做就行了，如此墨守成规，结果闹出了笑话。

【优秀女孩应该懂的道理】

生活中，我们之所以常常在很简单的事情上跌倒，究其原因不是我们不聪明，而是我们没有用心去思考、去探究，喜欢凭自己的经验去思考问题、解决问题。或者说这都是经验主义所形成的思维定式惹的祸。所以，一个人要进步，必须冲破原有的经验所形成的思维定式。

成功的喜悦从来都是属于那些思路常新、不落俗套的人。世上没有不转弯的路。人的思路也一样，它需要面对不同的境况和时代不断地进行转换，循规守旧就会停滞不前，最后被时代淘汰出局。在生活中，只要我们突破固有思维模式，就能最大限度地发挥自己的潜能，高效率地解决摆在面前的各种问题。

两个卖水的年轻人

学习知识要善于思考，思考，再思考，我就是靠这个方法成为科学家的。

——爱因斯坦

有一个小村庄十分缺乏水源，为了解决饮水问题，村里人决定对外签订一份送水合同，以便每天都能有人把水送到村子里。村子里有两个年轻人，分别叫阿力和阿旺，愿意接受这份工作，于是村里的长者把合同同时给了这两个人。

签订合同后，阿力便立刻行动起来。他每天在10公里外的湖泊和村庄之间奔波，用两只大桶从湖中打水运回村庄，倒在由村民们修建的一个结实的大蓄水池中。每天早晨他都必须起得比其他村民早，以便当村民需要用水时，蓄水池中已有足够的水供他们使用。由于起早贪黑地工作，阿力很快就开始挣钱了。尽管这是一项相当艰苦的工作，但他还是非常高兴，因为他能不断地挣钱，并且他对能够拥有两份专营合同中的一份感到满足。

阿旺呢，自从签订合同后他就消失了，几个月来，人们一直没有看见过他。这令阿力兴奋不已，由于没人与他竞争，他挣到了所有的水钱。那么，阿旺干什么去了？原来，阿旺做了一份详细的商业计划书，并凭借这份计划书找到了四位投资者，和自己一起开了一家公司。六个月后，阿旺带着一个施工队和一笔投资回到了村庄。花了整整一年时间，阿旺的施工队修建了一条从村庄通往湖泊的大容量的不锈钢管道。

后来，其他有类似环境的村庄也需要水。阿旺便重新制订了他的商业计划，开始向全国甚至全世界的村庄推销他的快速、大容量、低成本并且卫生的送水系统，每送出一桶水他只赚10分钱，但是每天他能送几十万桶水。无论他是否工作，无数的村庄每天都要消费这几十万桶水，而所有的这些钱便都流入了阿旺的银行账户中。

从此，阿旺幸福地生活着。而阿力在他的余生里仍然拼命地工作着，而且还会为未来担忧着。

【优秀女孩应该懂的道理】

很多时候方法比努力、勤奋更重要。无论是学习还是做事，都要选对方法。只有方法正确，才能取得成效。在生活中，许多人认为自己付出的辛勤汗水并不比别人少，但成绩却总没别人好，究其原因，主要是方法技巧问题，所以当遇到难题时，绝对不应该一味用蛮力去干，要多动些脑筋，看看自己努力的方向是不是正确。

思考是人们谋取进取之路，善于思考的人，用大脑做事，而不只是用双手做事。在生活中，我们要善于观察、学习、思考和总结，仅仅靠一味地苦干奋斗，埋头拉车而不抬头看路，结果常常是原地踏步。所以说，有思考的行动，事半功倍；无思考的行动，事倍功半。

不要一味地迷信权威

独立思考能力，对于从事科学研究或其他任何工作，都是十分必要的。在历史上，任何科学上的重大发明创造，都是由于发明者充分发挥了这种独创精神。

——华罗庚

意大利著名画家达·芬奇也是一个不迷信权威的人。他的丰富实践，他的过人智慧、好奇心和独立精神使他质疑当时流行的许多理论和教条。例如，在进行地理探索的过程中，他在伦巴第山峰发现了化石和贝壳。当时的流行观点认为这些化石和贝壳是《圣经》中洪水的沉淀物。但是，达·芬奇的论辩是建立在逻辑思考和现实世界的基础上，而不是建立在神学的基础上。他一一反驳每一条基于传统智慧的假说，最后下结论说："这样的观点不应该存在于任何具有深厚逻辑思维的大脑之中。"

研究地理学说时，达·芬奇手拿各种各样的化石，走遍了伦巴第的山谷，学习解剖时，他解剖了30多具人类尸体和数不清的动物尸体。同他对化石的研究一样，他的解剖学研究也是对当时权威论点的直接挑战。他写道：“很多人认为他们有理由责备我，因为我的论证同他们的幼稚头脑所顶礼膜拜的权威观点相左。但他们从来没有考虑过我的观点是建立在简单和平常的经验事实之上，而这些经验事实才是真正的权威。”

在达·芬奇的一生之中，他曾骄傲地宣称自己是“不迷信权威的人”和“经验的门徒”。他说过：“对我来说，那些没有建立在经验、公理和亲自实践基础之上的科学理论都是一纸空文，谬误百出。经验的起源、手段或者结果都经过了人类的感觉验证。”

达·芬奇崇尚思维的创新和独立，他反对一味模仿，敢于挑战权威，并且进行独立思考，这在任何时代都是无与伦比的。

【优秀女孩应该懂的道理】

生活中，人们总是认为权威人物往往是正确的楷模，服从他们会使自己具备安全感，增加不会出错的“保险系数”。人们对权威普遍怀有崇敬之情。然而，我们却应该认识到，权威人士也是人，是人就有弱点和不足之处。我们绝不能对权威过于迷信，而应该在事实的基础上判断权威的观点。

其实，每一种事物都有两面性，权威为我们节省了无数的时间和精力。我们不必再从头研究几何学，只需要学一学阿基米德的理论就行了；我们不必去看云识天气，只要听一听天气预报就可以了。然而，如果我们总是被权威牵着鼻子走，就会失去独立思考的能力。这样一旦失去了权威，我们常常会感到手足无措。古今中外历史上各种新学术、新观点，常常都是从推翻权威开始的。不敢突破权威的束缚，也就丧失了思考的能力。

值得注意的是，我们提倡要敢于向权威挑战，并不是要否定一切权威。我们要尊重权威，但不要迷信权威。这就要求我们要在权威面前保持一份清醒的头脑，有自己独立的思考能力。

把犯人运到澳洲

凡善于考虑的人，一定是能根据其思考而追求可以通过行动取得最有益于人类东西的人。

——亚里士多德

18世纪末，英国人来到澳洲，随即宣布澳洲为他们的领地。这样辽阔的大陆，怎么开发呢？当时英国没有人愿意去荒凉的澳洲。英国政府想了一个办法：把罪犯统统发配到澳洲去。

私人船主承包了大规模运送犯人的工作。为了便于计算，政府以上船的人数为依据支付船主费用。当时运送犯人的船只多是由破旧的货船改装的，设施极其简陋，没有储备药品，更没有随船医生，条件十分恶劣。

船主为了牟取暴利，上船前尽可能多装犯人，一旦船离了岸，船主按人数拿到了钱，就对这些人的死活不闻不问了。他们把生活标准降到最低，有些船主甚至故意断水断食，致使三年间从英国运到澳洲的犯人在船上的死亡率高达12%，有一艘船上424个犯人竟然死了158个，死亡率高达37%。不仅英国政府为此遭受了巨大的经济和人力资源损失，英国民众对此也极为不满。

于是英国政府开始想办法改善这种状况。他们在每艘船上派一名官员监督，再派一名医生负责医疗，并对犯人的生活标准做了硬性规定。但死亡率不仅没降下来，连有的监督官和医生也不明不白地死在船上。政府后来查清了原因：一些船主为了贪利而行贿官员，官员如果拒不顺从，就被扔进大海。

一些绅士提出，把船主召集起来进行教育，有的法官建议对一些人进行严厉制裁。政府试着这样做了，但情况依然没有好转，死亡率依然居高不下。

一位英国议员想到了制度问题。那些私人船主钻了制度的空子，而制度的缺陷在于政府付给船主的报酬是以上船人数来计算的！假如倒过来，政府以到澳洲上岸的人数为准计算报酬呢？政府采纳了他的建议，不论在英国装了多少人，到澳洲上岸时再清点人数，据此向船主支付运费。

于是，难题迎刃而解。船主们积极聘请医生跟船，在船上准备药品，改善生活，尽可能让每一个犯人都健康抵达澳洲。因为在船上死掉一个人就意味着减少一份收入。

一段时间以后，英国政府又做了一个调查。自从实行以上岸计数的办法后，船上的死亡率降到了1%以下，有些运载几百人的船只，经过几个月的航行竟然没有一人死亡。

【优秀女孩应该懂的道理】

在思考问题的时候，我们往往用最常用的思路、最习惯的思维，却不知这样容易形成定式思维。最后我们解决问题的方法就会逐渐变少，也许面对问题会束手无策。这时候，不妨从另一个角度思考问题，也许就会“柳暗花明又一村”了。

有什么样的思路，就有什么样的出路；我们做出什么样的思考，就有什么样的结果。思考是一个人最难也最有价值的工作，是帮助我们成就伟业的工作。只有勤于思考，才能让我们保持清醒的头脑；勤于思考，才能开拓创新；勤于思考，才能不断创造。

每天提一条创造性的建议

对于创新来说，方法就是新的世界，最重要的不是知识，而是思路。

——郎加明

美国人奥斯本是个具有很强创造天分的人。1938年，25岁的奥斯本失业了，只有高中文化程度的奥斯本想当个记者。可是，转念再想想，自己没有受过这方面的教育，怎么行呢？

奥斯本是一名个性好强的人，他终于去应聘了。

报刊主编问他：“在办报方面你有什么修养与经验？”

奥斯本做了实事求是的自我介绍，“不过，我写了篇文章。”

主编接过来读罢，摇摇头说：“年轻人，你的文章不怎么样，甚至还有不少语法、逻辑与修辞上的毛病……”

听到这里，奥斯本的头“轰”地响起来，但是，他还是虚心地听下去了。

主编又说："可是，有独到的东西，是的，有独到的见解。这很可贵！这个独到的东西是创造，也是我们所需要的。凭这一点，我愿意试用你三个月。"

主编握住了奥斯本的手，临走还叮嘱："好好干吧，小伙子！"

欣喜若狂的奥斯本反复体会主编对他说的话，原来创造性有那么重要。他又反复读自己的文章，像严厉的法官那样解剖自己：知识不够，却充满深思遐想，这大概就是创造性吧？

他模模糊糊地意识到人的价值在于创造。他决心要做一个有创造性的人。他还拟定：自到报社上班之日起，就天天提一条创造性的建议。

整整一个星期天，他研究主编给他的一大沓报纸，又买回其他各种报刊进行比较，于是，众多的构想产生了。

星期一是他第一天上班的日子，刚到报社，他便迫不及待地冲进主编的办公室急匆匆地大声说："主编先生，我有一个想法。"

主编瞪大眼睛看着面前的奥斯本，听他一口气说完"想法"后给镇住了。

原来奥斯本说："看来，广告是报纸的生命线，我们又无法与各大报纸竞争大广告；而小工厂、小商店做不起大广告，他们又急于把自己的产品或商品告诉更多的人，我们何不创造条头广告，收费低廉以满足这一层的工商业者的需要？"

这就是现在报纸广泛采用的一条一条的分类广告。当主编弄清奥斯本的"想法"后，兴奋地说："好啊！太好了！真是个了不起的想法！"

奥斯本坚持发挥自己"深思遐想"的长处，坚持每天提一条创造性的建议，也即"日有一创"。仅仅两年，就使这份小报发展壮大起来，成为一个实力雄厚的报业托拉斯。他本人也由于获得众多专利，成为拥有巨额股份的副董事长。

【优秀女孩应该懂的道理】

创新不需要天才。创新只在于找出新的改进方法。任何事情的成功，都是因为能找出把事情做得更好的办法。

创新就是做别人没做过的事，走别人没走过的路，敢于打破思维定式，开辟新领域。创新是一个人成功必备的法宝，而要有所创新，首先要具备一个有创造力的头脑，也就是要有创新的思维。拥有创新思维的人，往往战无不胜，攻无不克。

习惯训练营：培养独立思考的方法和技巧

1．多思考

遇到任何事情的时候，要多想、冷静理智地想，认真地分析判断，多问，不要害怕别人说我们无知幼稚，比起现在的自尊，不懂装懂或者永远不懂更可怕，多看多观，冷眼旁观，观察细节不同之处，更不要急于说话，表达自己不成熟的想法。

2．习惯质疑

时常保持质疑的思维，这种习惯是取决于常规思维的。相对于假设这些“真相”是不言而喻的，干脆持怀疑态度，直到我们能够用逻辑确定那就是不争的事实。

3．从不同的角度看问题

每个事物都有其多面性，尝试从不同的角度去认识问题、解决问题。

4．拿出时间思考

每天拿出10分钟或者更多的时间专门思考问题，学习方面的、生活方面的、人际交往方面的，海阔天空，什么都可以想。最好做个专门的本子，随时把思考到的问题记下来，即使当时没有解决也不要着急，什么时候想通了什么时候解决。

5．遇到困难，自己想办法

在遇到困难时，我们首先应该自己寻找一下解决的办法，不要急于求助他人，否则只会产生依赖心理，久而久之，便欠缺独立思考的能力。

立即行动的习惯——停止幻想，马上行动

停止幻想，马上行动

当一个人年轻时，谁没有空想过？谁没有幻想过？想入非非是青春的标志。但是，我的青年朋友们，请记住，人总归是要长大的。天地如此广阔，世界如此美好，等待你们的不仅仅是需要一对幻想的翅膀，更需要一双踏踏实实的脚！

——爱默生

从前，有一个优秀的女孩叫莎丽·安东尼奥，她是大学艺术团的歌剧演员。在一次校际演讲比赛中，她向全校的师生展示了一个最为璀璨的梦想：大学毕业后，她要先去欧洲旅游一年，然后要在纽约的百老汇成为一名优秀的演员。

当天下午，莎丽的心理学老师找到她，尖锐地问了一句："你今天去百老汇跟毕业后去有什么差别？"

莎丽仔细一想："是呀，大学生活并不能帮我争取到百老汇的工作机会。"于是，莎丽决定一年以后就去百老汇闯荡。

这时，老师又冷不丁地问她："你现在去跟一年以后去有什么不同？"莎丽苦思冥想了一会儿，对老师说，她决定下学期就出发。老师紧追不舍地问："你

下学期去跟今天去，有什么不一样？”

莎丽有些晕眩了，想想那个金碧辉煌的舞台和那只在睡梦中萦绕不绝的红舞鞋……她终于决定下个月就前往百老汇。

老师乘胜追击地问：“一个月以后去，跟今天去有什么不同？”莎丽激动不已，她情不自禁地说：“好，给我一个星期的时间准备一下，我就出发。”

老师步步紧逼：“所有的生活用品在百老汇都能买到，你一个星期以后去和今天去有什么差别？”

莎丽终于双眼盈泪地说：“好，我明天就去。”老师赞许地点点头，说：“我已经帮你订好明天的机票了。”

第二天，莎丽就飞赴到了全世界最巅峰的艺术殿堂——美国百老汇。当时，百老汇的制片人正在酝酿一部经典剧目，很多艺术家都前去应征主角。按当时的应聘步骤，是先挑出100个左右的候选人，然后，让他们每人按剧本的要求演绎一段主角的对白。这意味着要经过百里挑一的艰苦角逐才能胜出。

莎丽到了纽约后，并没有急于去漂染头发、买靓衫，而是费尽周折地从一个化妆师手里要到了将排的剧本。这以后的两天中，莎丽闭门苦读，悄悄演练。正式面试那天，莎丽是第48个出场的，当制片人要她说说自己的表演经历时，莎丽粲然一笑，说：“我可以给您表演一段原来在学校排演的剧目吗？就一分钟。”制片人首肯了，他不愿让这个热爱艺术的青年失望。

而当制片人听到传进自己耳朵里的声音，竟然是将要排演的剧目对白，而且，面前的这个姑娘感情如此真挚，表演如此惟妙惟肖时，他惊呆了！他马上通知工作人员结束面试，主角非莎丽莫属。就这样，莎丽顺利地进入了百老汇，为自己的梦想穿上了红舞鞋。

【优秀女孩应该懂的道理】

万事始于心动，成于行动。行动是成功的阶梯，目标越准，行动越快，成就越大。人生总有许多理想和憧憬，假使我们能够将一切憧憬都抓住，将一切理想都实现，将一切计划都执行，则我们事业上的成就，真不知会多么的宏大；我们的生命，也不知会多么的伟大！然而，总是有很多人有憧憬而不去抓住，有理想而不去实现，有计划而不去执行，最终使各种憧憬、理想、计划破灭。所以说，再好的想法若没有付诸行动，就看不到成果，便毫无价值可言。但只要我们肯踏出付诸行动的第一步，再一步一步往前走，便会有成功的希望。

一件未织成的毛衣

行动之前必须充分地酝酿；一旦定下决心，就应该果敢行动。

——萨卢斯特

一位年轻的女士即将当妈妈了，她打算为即将出世的孩子织一身最漂亮的毛衣毛裤。她在老公的陪同下买回了一些颜色漂亮的毛线，可是她却迟迟没有动手，有时想拿起那些毛线编织时，她会告诉自己：“现在先看一会儿电视吧，等一会儿再织，”等到她说的“一会儿”过去之后，可能老公快要下班回家了。于是她又把这件事情拖到明天，原因是“要给老公做晚饭”。等到孩子快要出生了，那些毛线还像新买回的那样放在柜子里。老公因为心疼老婆，所以也并不催她。后来，婆婆看到那些毛线，告诉儿媳不如自己替她织吧，可是儿媳却表示一定要自己亲手织给孩子。只不过她现在又改变了主意，想等孩子生下来之后再织，她还说：“如果是女孩子，我就织一件漂亮的毛裙，如果是男孩就织毛衣毛裤，上面一定要有漂亮的卡通图案。”

孩子生下来了，是个漂亮的男孩。在初为人母的忙忙碌碌中孩子一天一天地渐渐长大。很快孩子就一岁了，可是她的毛衣毛裤还没有开始织。后来，这位年轻的母亲发现，当初买的毛线已经不够给孩子织一身衣服了，于是打算只给他织一件毛衣，不过打算归打算，动手的日子却被一拖再拖。

当孩子两岁时，毛衣还没有织。

当孩子三岁时，母亲想，也许那团毛线只够给孩子织一件毛背心了，可是毛背心始终没有织成。

……

渐渐地，这位母亲已经想不起来这些毛线了。

孩子开始上小学了，一天孩子在翻找东西时，发现了这些毛线。孩子说真好看，可惜毛线被虫子蛀蚀了，便问妈妈这些毛线是干什么用的。此时妈妈才又想起自己曾经憧憬的、漂亮的、带有卡通图案的花毛衣。

【优秀女孩应该懂的道理】

拖延，让人一无所获。拖延这种行为最可怕之处不在于拖延本身而在于它极易转化为习惯。做事习惯性的拖延者往往是制造借口与托词的专家。每当他们付出劳动或者做出抉择时，总会找出一些借口来安慰自己，总想让自己轻松些、舒服些。他们总是制造借口，想出千百个理由为事情未按计划实施而辩解。这样的人是不可能拥有完美成功的人生的。

女孩如果已经认识到拖延的危害性，那么，从现在开始，就要克服拖延的习惯，立即行动起来。

祖孙两人捕鸟

现实是此岸，理想是彼岸，中间隔着湍急的河流，行动则是架在河上的桥梁。

——克雷洛夫

从前，有祖孙两人一起去捕鸟。祖父教孙子用一种捕猎机，它就像一只箱子，用木棍支起，木棍上系着的绳子一直接到他们隐蔽的灌木丛中。只要小鸟受撒下的米粒的诱惑，一路啄食，就会进入箱子。他只要一拉绳子就能逮住小鸟。

支好箱子，他们刚藏起来不久，就飞来一群小鸟，共有几十只。大概那些小鸟是饿久了，不一会儿就有六只小鸟走进了箱子。他正要拉绳子，又觉得还有三只也会进来的，于是他决定再等等。结果，那三只小鸟非但没进来，反而走出了三只。他后悔莫及，决定只要再有一只走进去就赶紧拉绳子。

接着，又有两只小鸟走了出来。如果这时拉绳子，还能套住一只，但他仍不甘心，心想，总该有些鸟要回去吧。终于，连最后一只小鸟也走了出去。

【优秀女孩应该懂的道理】

其实，一个人不论干什么事，失掉恰当的时机、有利的时机就会前功尽弃。机遇往往稍纵即逝，成功的关键所在就是对突如其来的机遇及时做出行动的反应。如果机遇出现后，行动不够及时，那么就可能导致“竹篮打水一场空”。

机遇往往是昙花一现的，反应迅速、行动快捷的人将更容易品尝到成功的喜悦；犹豫不决、思前思后的人则会错过很多机会，甚至留下永远的遗憾。一个成功的人，最重要的一点就是把握时机、及时行动。

最起码先去买一注彩票

人生来是为行动的，就像火总向上腾，石头总是下落。对人来说，一无行动，也就等于他并不存在。

——伏尔泰

有个一贫如洗的穷人，每隔两三天就到教堂祈祷，而且他的祷告词几乎每次都相同。

第一次到教堂时，他跪在圣坛前，虔诚地低语："上帝啊，请念在我多年来敬畏您的份上，让我中一次彩票吧！阿门。"

没过几天，他又垂头丧气地来到教堂，同样跪着祈祷："上帝啊，为何不让我中彩票？我愿意更谦卑地服从您，请求您赶快赐我中一次彩票吧！阿门。"

又过了几天，他再次出现在教堂，同样重复地祷告。如此周而复始，不间断地祈求着。

到了最后一次，他有点不耐烦了："我的上帝，为何您不聆听我的祷告呢？让我中彩票吧，只要一次，让我解决所有困难，我愿终身侍奉您……"

就在这时，传来上帝庄严的声音："我一直在聆听你的祷告，可是——最起码，你也该先去买一注彩票吧！"

【优秀女孩应该懂的道理】

心动不如行动，成功不会自己来敲门，要成功就要把希望放在明天，把计划放在今天，把行动放在现在。没有行动的梦想只能是空想，只会空想的人不可能获得成功。只有将空想和行动结合起来，才能实现梦想。

常言说"有志者事竟成"，并不是说一个人立下志向之后，就可以坐等成功了。立志后，还需要坚持不懈、努力奋斗。如果没有具体的行动，再好的志向也只能是空中楼阁。女孩千万要记住，成功属于有了理想马上去奋斗的人。

不同的命运

成功者不是比你聪明，只是在最短的时间采取最大的行动。

——陈安之

约翰和詹姆士一起搭船来到了美国。他们打算在这里闯出自己的一片天地。他们下了船，来到码头，看着海上的豪华游艇从面前缓缓而过，二人都非常羡慕。约翰对詹姆士说："如果有一天我也能拥有这么一艘船，那该有多好。"詹姆士也点头表示同意。

中午的时候，他们都觉得肚子有些饿了，两人四处看了看，发现有一个快餐车旁围了好多人，生意似乎不错。约翰对詹姆士说："我们不如也来做快餐的生意吧！"詹姆士说："嗯！这主意似乎是不错。可是你看旁边的咖啡厅生意也很好，不如再看看吧！"两人没有统一意见，于是就各奔东西了。

握手言别后，约翰马上选择一个不错的地点，把所有的钱投资做快餐。他不断努力，经过五年的用心经营，已经拥有了很多家快餐连锁店，积累了一大笔钱财，他为自己买了一艘游艇，实现了他自己的梦想。

这一天，约翰驾着游艇出去游玩，发现了一个衣衫褴褛的男子从远处走了过来，那人就是当年与他一起出来闯天下的詹姆士。他兴奋地问詹姆士："这五年你都在做些什么？"詹姆士回答说："五年间，我每时每刻都在想：'我到底该做什么呢'！"

【优秀女孩应该懂的道理】

成功者的路有千条万条，但是行动却是每一个成功者的必经之路，也是一条捷径。空想家与行动者之间的区别就在于是否进行了持续而有目的的实际行动。实际行动是实现一切改变的必要前提。我们往往说得太多，思考得太多，梦想得太多，希望得太多，我们甚至计划着某种非凡的事业，最终却以没有任何实际行动而告终。

记住：100次心动，远比不上一次行动。心动只能让我们终日沉浸在幻想之中，而行动才能让我们最终走向成功。

习惯训练营：培养立即行动习惯的方法和技巧

1．不要等到条件成熟了才开始行动

无论做什么事情，如果我们想等条件都成熟了才开始行动，那很可能就晚了。因为总是会有些事情不是那么好，或是错过时机、行情不好，或是竞争太激烈。现实世界中没有完美的开始时间，我们必须在问题出现的时候就行动起来并把它们处理好。

2．克服拖沓的习惯

行动是习惯，拖沓也是习惯，这种习惯与能力无关。有些人能力很强，但就是因为有拖沓的习惯，使自己一事无成。所以，这个习惯必须引起重视。如果我们有这个毛病，就应有意识地训练自己，用好习惯取代拖沓的习惯。

3．从现在开始行动

开始行动的最佳时间就是现在。现在应该做什么，就马上动手，需要什么条件，就设法创造什么条件，干起来再说。至于当中存在的问题，在做的时候解决。也就是遇到问题解决问题，遇到困难克服困难。

4．不要空谈想法

如果我们不能立即开始行动，我们就永远不会开始。失败者多是没有行动的梦想家，而胜利者都是实事求是的理想实践家。没有彻底的行动就不会有杰出的成就。会动脑筋、有很好的想法，但没有实际行动，这种人是不可能成功的。

5．当机立断

我们的判断决定我们的行动。无论做什么事，都要当机立断，立即行动。犹豫不决，只会让我们错失良机，暂缓行动。

勤劳节俭的习惯——勤奋使人进步，节俭使人富足

勤俭持家

天下之事，常成于勤俭而败于奢靡。

——陆游

从前，有一个农民，他一生勤俭持家，日子过得无忧无虑，十分美满。在临终前，他把一块写有“勤俭”二字的横匾交给两个儿子，告诫他们说：“你们要想一辈子不受饥挨饿，就一定要照这两个字去做。”

后来，兄弟俩分家时，将匾一锯两半，老大分得了一个“勤”字，老二分得一个“俭”字。老大把“勤”字恭恭敬敬高悬家中，每天“日出而作，日入而息”，年年五谷丰登。然而他的妻子过日子却大手大脚，孩子们常常将白白的馍馍吃了两口就扔掉，久而久之，家里就没有一点余粮。老二自从分得半块匾后，也把“俭”字当作“神谕”供放中堂，却把“勤”字忘到九霄云外。他疏于农事，又不肯精耕细作，每年所收获的粮食就不多。尽管一家几口节衣缩食、省吃俭用，毕竟也是难以持久。

这一年遇上大旱，老大、老二家中都早已是空空如也。他俩情急之下扯下字匾，将“勤”“俭”二字踩碎在地。这时候，突然有纸条从窗外飞进屋

内，兄弟俩连忙拾起一看，上面写道："只勤不俭，好比端个没底的碗，总也盛不满！""只俭不勤，坐吃山空，一定要受穷挨饿！"兄弟俩恍然大悟，"勤""俭"两字原来不能分家，是相辅相成，缺一不可的。吸取教训以后，他俩将"勤俭持家"四个字贴在自家门上，提醒自己，告诫妻室儿女，身体力行，此后日子过得一天比一天好。

【优秀女孩应该懂的道理】

勤俭是一种立身、立家、立业的美德。所谓勤俭，包括勤劳和节俭两个重要方面，缺一不可。勤俭持家、节俭做事，需要有一分一文的节俭意识，需要有积少成多的节俭行为，需要有一以贯之的节俭传统。

勤俭作为一种生活方式，体现了一个人的生活态度、理想信念、价值观念和作风形象。勤俭不是吝啬，而是美德，有助于一个人修身养性、陶冶情操，也是一个人事业有成和发展的重要因素。勤俭的人能够更好地致富，节约的人能够更好地守财。一个人只有具备了致富与守财的能力，才能让自己永远不为财富发愁。因此，女孩要养成勤俭节约的好习惯。

英国女王的日常生活

谁在平日节衣缩食，在穷困时就容易渡过难关；谁在富足时豪华奢侈，在穷困时就会死于饥寒。

——萨迪

英国女王伊丽莎白二世经常说的一句英国谚语是"节约便士，英镑自来"。她的节俭故事在英国早已传为佳话。

在白金汉宫，不仅照明，连供暖也保持在最低限度，女王习惯只用小电炉来暖和宽敞的大厅。应她之邀到郊外的皇家别墅做客的人，都会被提前告知需自带毛衣，因为那里"暖气并非24小时供应"；受邀者还需自己带酒，因为女王称"我们并不是大酒鬼"。

伊丽莎白二世坚持皇家只用印有盖尔斯王子纹章的特制牙膏，因为这种牙膏可以挤得干干净净，毫不浪费。看见掉在地上的一根绳子或带子，她也要捡起来塞进口袋，因为“不知道在什么时候，这些东西会派上用场”。女王很喜欢马，但在她的马厩里，马不可以睡在干草上，只能睡在旧报纸上，因为干草太贵。

这就是英国王室贵族的真实生活，可能与我们想象中的奢华完全不同，但这确实是女王生活的现状。

【优秀女孩应该懂的道理】

伊丽莎白二世作为英国女王，尚有节俭的意识，那么我们平民百姓又有什么资本倡导奢华与物质享受。这种戒奢以俭，不靡费财物的习惯，是值得我们崇尚的美德。

节俭常常同成功联系在一起。几乎每一位成功人士，都自觉地把节俭作为自己生活与事业的原则。在市场竞争日益激烈的今天，每个人都必须意识到，节俭已经不仅仅是一种传统的美德，更是一种高尚的素养。它可以增强个人的竞争力，从而成为一种成功的资本。每个女孩都应该改变思想，意识到节俭不是“老”“旧”“土”“粗”的东西，而是财富和利润的发动机。

成人智商测试

没有加倍的勤奋，就既没有才能，也没有天才。

——门捷列夫

有三个很要好的年轻人，到电脑城游玩时，在一台电脑前做了一个成人智商测试。

甲某首先进行智商测试，电脑显示：你的智商直逼爱因斯坦，前途无量。甲某高兴万分。接着乙某的智商测试结果也出来了：你的智商有如常人，请多多努力。乙某不愠不恼。最后轮到丙某进行智商测试时，电脑显示：你的智商不及格，一切努力徒劳无益。丙某沮丧悲伤。

从电脑城回来后，丙某下决心努力工作，奋发向上；乙某见丙某勤奋，也跟着加倍努力；只有甲某天天欣赏着自己的智商，坐等“前途无量”的结局。

三年后，丙某已升为经营部经理，乙某也被提拔为办公室主管，甲某却仍是公司的普通职员。他们又到电脑城进行成人智商测试，结果与上次完全相同。这时丙某哈哈大笑，乙某仍不愠不恼，甲某却羞怒万分，一拳砸在电脑上。电脑挨了一拳，屏幕显示：“打我没用！智商不等于成功，努力才是关键！”

【优秀女孩应该懂的道理】

成功的人不一定是最聪明的人，但他一定是一个勤奋的人。我们从上面这个故事可以看出，事业的成功与智商两者没有必然联系。智力是一种前提条件，要想创造辉煌的人生，还要依靠后天的勤奋努力。即使一个智商普通的人，只要他认真锻炼自己的能力，始终坚持自己的理想，不断付出艰辛的劳动，同样可以取得成功。

正所谓：一分耕耘一分收获，勤奋是成就人生和事业的基础。世界上没有任何东西可以比得上、可以代替勤奋的意志，教育不能替代，多财的父母、多势的亲戚以及其他的一切，也都不能代替。所以，女孩一定要知道这样的道理：唯有勤奋才能让我们做出非凡事业来，也唯有勤奋才能成全我们的人生和事业。

勤奋的农民

国家之前进在于人人勤奋、奋发、向上，正如国家之衰落由于人人懒惰、自私、堕落。

——斯马尔兹

从前，在一个偏僻的小村庄里，住着一位农夫，他只有很小的一块田地，但是他却非常珍惜，一直都很认真地耕种。有一年，他的收成很不好，到了春耕的时候只剩下一小袋种子，他视如珍宝。播种的当天，天刚一亮，他就从床上爬起来，来到了他那块田里。

他十分小心，生怕遗失了哪一粒种子。到了正午时分，太阳毒辣辣地烘烤着他的脊背，他感到很疲乏，便停下来在树旁休息。当他坐下的时候，一把种子突然从袋子里洒了出来，掉到了树干下的一个树洞里。虽然只是一点种子，但对农夫来讲，每一粒种子都是宝贵的，丢失了都是损失。

农夫心疼不已，他拿着铲子，开始挖这株树的树根。天气越来越热，汗水沿着他的脊背和眉毛滴了下来，但他还是不停地挖。当他终于挖到种子时，他发现它们掉在了一个被埋着的盒子上面。他捡起了种子，又顺便打开了那个盒子，在打开的那一刻，他惊呆了，原来盒子里装满了黄金，那些宝贝足够让他过完下半辈子。

从此以后，这个原本贫穷的农夫成了一个富有的人，当人们对他说："你真是世界上最幸运的人。"

他却笑着说："不错，我是很幸运，但这些都源于我的辛勤劳作和对种子的珍惜。"

【优秀女孩应该懂的道理】

辛勤的劳作，总会让人有所收获。只有播下勤劳的种子，幸福的花儿才会遍地开放。

现实生活中，一些学习不好的女孩都抱着这样一种想法：我为什么要勤奋学习，自己本身没有这种天赋，就算付出再多也不会取得别人那样辉煌的成绩。然而，事实却证明：一个人勤奋便能做成大事。因为勤奋的人不会懈怠，孜孜不倦地学习，每天学一点，日子久了积累知识也多了，正应了"水滴石穿，绳锯木断"的道理。

你播种下什么，就会收获什么。也许在这个世界上付出不一定有回报，但不付出一定不会有收获。这个定律可以运用到人生的很多方面：学业、事业、交际……女孩子，你明白吗？

懒惰的恶果

天分高的人如果懒惰成性，亦即不自努力以发展他的才能，则其成就也不会很大，有时反会不如天分比他低些的人。

——茅盾

南北朝时，有一个非常著名的文学家叫江淹，年少时才华横溢。他写的《恨赋》《别赋》在当时广为流传，被人们视为瑰宝。可惜后来，就写不出好的作品了，人们都叹息其“江郎才尽”。

是什么原因导致他变成这样了呢？江淹小时候家里非常贫困，国家年年战争不断，可正是这种贫寒恶劣的环境铸就了江淹勤劳的性格。他埋头苦学，不分昼夜地创作，终于写出了佳作。可是，江淹凭着自己的才学当上官以后，就开始贪逸恶劳，天天想着吃喝玩乐，当然没有时间琢磨他的作品了。就此，一代才子就在懒惰中陨灭了。是懒惰让江淹颓废，是懒惰杀伤了他的创造力。

【优秀女孩应该懂的道理】

懒惰，使人的才华被埋没，使人的潜能被扼杀，使人的一切希望都化为泡影。一个人如果为懒惰所左右，那么他除了躺在草坪上，做一些“黄粱美梦”以外，很难再有什么别的作为了。所以，如果女孩想要在学习中取得成绩，就要戒除懒惰的毛病，否则，多么好的设想、计划，都不可能实现。

“天才在于勤奋”。一个人的能力有大小，智商有高低，但只要勤奋，就一定会有所收获。勤奋与成功总是分不开的。古今中外，一切成功人士的共同点就是勤奋。那么，就让我们在勤奋开拓中实现自我的人生价值吧！

习惯训练营：培养勤俭习惯的方法和技巧

1．树立勤俭的意识

勤俭节约是现实的需要。我们更需要在生活中勤俭节约。为了家业的兴旺，国家强盛，我们必须培养勤劳、俭朴的高尚情操。只有这样，我们才能拥有明天，我们的民族才能兴旺发达。

2．不要浪费

培养勤俭节约的习惯要从日常生活中的小事做起，例如，节约每一粒米，吃饭时不乱倒饭菜；节约每一度电，出操、午休、室外课、课外活动等时间里，教室内应及时关灯；节约每一滴水，洗手后要关紧水龙头，洗衣水、淋浴水可用来冲厕所等；节约每一张纸，不要乱扔白纸，用过的纸反面可以写草稿等。

3. 热爱劳动

热爱劳动是中华民族的传统美德，我们理应将它传承下去。生活中，我们可以做一些力所能及的事情，比如，自己的衣服自己洗，帮父母做一些家务等。

4. 节约金钱

不要乱花钱，不随便向家长要钱。平时不挑食，不经常买零食吃，能节约的钱一定要节约。衣服，鞋子能穿就行，不要总是和别人攀比。

制定目标的习惯——有目标的人，世界都给他让路

目标的力量

在一个崇高的目标支持下，不停地工作，即使慢，也一定会获得成功。

——爱因斯坦

法兰克博士是市立大学的心理学教授，虽然已经70岁高龄了，却保有相当年轻的体态。有个年轻人去采访朱利斯·法兰克博士。

“我在好多好多年前遇到过一个中国老人，”法兰克博士解释道：“那是二次大战期间，我在远东地区的俘虏集中营里。那里的情况很糟，简直无法忍受，食物短缺，没有干净的水，放眼所及全是患痢疾、疟疾等疾病的人。”

“有些战俘在烈日下无法忍受身体和心理上的折磨，对他们来说，死亡已经变成最好的解脱。我自己也想过一死了之，但是有一天，一个人的出现扭转了我的意念——一个中国老人。”年轻人非常专注地听着法兰克博士诉说那天的遭遇：

“那天我坐在囚犯放风的广场上，身心俱疲。我心里正想着，要爬上通了电的围篱自杀是多么容易的事。一会儿之后，我发现身旁坐了个中国老人。我因为

太虚弱了，还恍惚地以为是自己的幻觉。毕竟，在日本的战俘营区里，怎么可能突然出现一个中国人？”

“他转过头来问了我一个问题，一个非常简单的问题，却救了我的命。”

年轻人马上提出自己的疑惑：“是什么样的问题可以救人一命呢？”

“他的问题是，”法兰克博士继续说，“‘你从这里出去之后，第一件想做的事情是什么？’这是我从来没想过的问题，我从来不敢想。但是我心里却有答案:我要再看看我的太太和孩子们。”

“突然间，我认为自己必须活下去，那件事情值得我活着回去做。那个问题救了我一命，因为它给了我某个我已经失去的东西——活下去的理由！从那时起，活下去变得不再那么困难了，因为我知道，我每多活一天，就离战争结束近一点，也离我的梦想近一点。中国老人的问题不只救了我的命，它还教了我从来没学过，却是最重要的一课——什么是目标的力量。”

“目标的力量？”年轻人问。“是的，目标，企图，值得奋斗的事。”

目标给了我们生活的目的和意义。当然，我们也可以没有目标地活着，但是要真正地活着，快乐地活着，我们就必须有生存的目标。伟大的艾德米勒·拜尔德说：“没有目标，日子便会结束，像碎片般地消失。”

“后来，我看见一个非常消沉的战俘，于是我问他同一个问题：‘当你活着走出这里时，你第一件想做的事是什么？’‘他听了我的问题之后，渐渐地，脸上的表情变了，他因为想到自己的目标而两眼闪闪发亮。他要为未来奋斗，当他努力地活过每一天的时候，他知道离自己的目标更近了。如果我们有目标要去追求的话，生活的压力和张力就会消失，我们就会像和障碍赛跑一样，为了达到目标，而不惜冲过一道道关卡和障碍。这就是我所说的‘目标的力量’。”

【优秀女孩应该懂的道理】

目标是人生的指南针，是每个有志者的人生灯塔，是激励人不断向前的动力。一个人，不论他有多少资本，不论他的头脑有多聪明，如果他没有明确的人生奋斗目标，那么，他必将一事无成。而一个人即使处在非常艰难的逆境、挫折和失败中，只要他有自己坚定不移的目标，他就一定能走向成功。

生活中，我们每一个人都应该在心中树立一个合理的目标，然后着手去实现它。我们应该把这一目标作为自己思想的中心。这一目标可能是一种精神理想，也可能是一种世俗的追求，这当然取决于我们此时的本性。但无论是哪一种目标，我们都应将自己思想的力量全部集中于我们为自己设定的目标上面。我们应把自己的目标当作至高无上的任务，应该全身心地为它的实现而奋斗，而不允许我们的思想因为一些短暂的幻想、渴望和想象而迷路。

目标不同，结果不同

要有生活目标，一辈子的目标，一段时期的目标，一个阶段的目标，一年的目标，一个月的目标，一个星期的目标，一天的目标，一个小时的目标，一分钟的目标。

——托尔斯泰

有三个从农村到城市打工的年轻人，他们在同在一家炼铁厂工作。

厂里工作辛苦，工资又不高。下班了，三个人都有自己的活。一个到城里去蹬三轮车，一个在街边摆了一个修车摊，还有一个在家里看书，写点文章。蹬三轮车的人钱赚得最多，高过工资；修车的也不错，能对付柴米油盐的开支；看书写字的那位虽没有收入，但也活得从容。

有一天，三个人说起自己的目标和愿望。蹬三轮车的人说："我以后天天有车蹬就很满足了。"修车的说："我希望有一天能在城里开一间修车铺。"喜欢看书写东西的那个人想了很久才说："我以后要离开炼铁厂，我想靠我的文字吃饭。"其他两位当然都不信。

五年过去了，他们还是过着同样的生活。10年后，修车的那位真的在城里开了一家修车铺，自己当起了老板。蹬三轮车的那位还是下班了去城里蹬车。15年后，看书写字的那位发表的一些作品，在地区引起了不少关注。20年后，他的作品被一家出版社看中，本人也调到省城当了编辑。

【优秀女孩应该懂的道理】

目标大小与一个人的成就有直接的关系。不同的目标就会有不同的人生。一个人奋斗的动力来源于定下的不凡目标，不凡的成功归功于对目标孜孜不倦地投入。所以说，为自己树立一个远大目标是极其重要的。人不能没有目标，没有目标也就没有足够的动力，目标有时就等于雄心。目标是成功的第一推动力。所有成功者在成功之前都一定有自己远大的目标，并在远大目标的指引下努力寻求到达成功的道路。

远大目标是人的精神支柱和动力源泉。对孩子来说，目标的种子一旦生根、发芽，就会转化成勤奋学习的动力，而且这种动力是持久的。而如果没有远大目标，就不知道自己学习有什么用，以至于只知玩乐。在这种情况下，只要稍微有点阻力和困难，都可能产生厌学情绪。因此，从现在开始，女孩子要给自己树立一个远大的目标，增强学习的动力，为实现梦想而努力奋斗。

坚定地追求自己的目标

要达成伟大的成就，最重要的秘诀在于确定你的目标，然后开始干，采取行动，朝着目标前进。

——博恩·崔西

王林是北京一家保险公司的推销员。他每天骑着一辆破旧自行车到处推销保险。不幸的是，成绩始终是一片空白。可是，王林毫不气馁，晚上即使再疲倦，也要一一写邮件给白天访问过的客户，感谢他们接受自己的访问，力请他们加入投保的行列，每一字每一句都写得诚恳感人。

可是，任凭他再努力、再劳累，也没有产生效果。两个月过去了，他连一个顾客也没有拉到，上司催得愈来愈紧……

劳累一天回来，他常常连饭也没心情吃，虽然娇妻温顺体贴，但一想到明天，他就全身直冒冷汗。

他愁眉苦脸地对妻子说："从前，我以为一个人只要有明确的目标，然后认真、努力地工作，就能做好任何事情。但是这一次，我错了。因为事实显然并不如此！我辛辛苦苦地跑了两个月，然而，却连一个客户也没有拉成。唉！保险工作，对我很不合适，不如换个地方找工作吧……"

妻子劝告他说："坚持下去，就有盼头。"王林听从了妻子的劝告。

王林曾想说服一家私企的老板，让他的员工全部投保。然而那位老板对此毫无兴趣，一次一次地拒王林于门外。当他在第69天再一次跑到这位老板公司来的时候，这位老板终于为他的诚心所感动，同意全公司员工投保。

他成功了！选定目标坚持不懈，使他后来成了著名的保险推销员。

【优秀女孩应该懂的道理】

在追求目标的道路上，我们不可能总是一帆风顺，会经常碰到挫折和失败，重要的是我们要坚定不移地向自己的目标奋进。一旦确立了目标，就要有始有终，摒弃半途而废的坏习惯，否则不可能达成目标。

坚定地追求自己的目标——不管遇到什么样的坎坷和什么样的曲折，都一如既往地去追求，这是成功者必要的心态和素质。

明确我们的目标

所有成功人士都有目标。如果一个人不知道他想去哪里，不知道他想成为什么样的人、想做什么样的事，他就不会成功。

——诺曼·文森特·皮尔

曾有一个青年人因为工作问题跑来找拿破仑·希尔，这个青年人眉清目秀、举止大方、聪明伶俐，大学毕业已经四年，尚未结婚。

他们先谈青年人目前的工作、受过的教育、背景和对工作的态度，接着拿破仑·希尔对青年人说："你找我帮你换工作，你喜欢哪一种工作呢？"

青年人说："这正是我来找你的目的，也是我一直所苦恼的事情，我真的不知道自己想要干什么？"

拿破仑·希尔又问道："让我们从这个角度看看你的计划，10年以后你希望怎样呢？"

青年人想了想："我期待我的工作和别人一样，待遇优厚并且有能力买一栋房子和一辆汽车。当然，我还没有深入思考过这个问题呢。"

拿破仑·希尔继续解释道："那是很自然的，你现在的情形就好比跑到火车站的售票处说'给我一张火车票一样'。除非你说出你的目的地，否则售票员没办法卖给你车票。只有我知道你的目标，才能帮你找工作。换而言之，你自己确定了自己的目标了吗？”

青年人陷入沉思之中。拿破仑·希尔也确信，青年人已经学到了人生最关键的一课，那就是：你出发之前，一定要有明确的目标。

【优秀女孩应该懂的道理】

一个人如果没有明确的目标就没有做事的标准，也就失去了做事的动力。而如果有目标，就有奋斗的方向和为之奋斗的计划。

对于每一个人来说，重要的是要有明确的目标，要对自己的人生有个恰如其分地设计。只有有了明确的行动目标，才会有为之奋斗的不竭动力。目标就是希望，目标就是挖掘潜能的动力。

一个求职者的智慧

如果你想要快乐，设定一个目标，这个目标要能指挥你的思想，释放你的能量，激发你的希望。

——安德鲁·卡耐基

一位复印店的老板有一次给一位求职者复印资料，因为不是很忙，老板便搭讪了一句话：“怎么样？”求职者笑着说：“还可以吧，下午要去一家公司应聘。”“做什么的？”他笑而不语，趁他掏钱的空隙，这位老板扫了一眼他的简历，哇，是副总经理，老板抬头定睛一看，年龄跟自己差不多。“不简单。”他又笑一下，“这没什么，在工厂里待了6年，大多数职位都干过，有过半年的总经理特别助理经验。”

这时，这位老板已经把他的简历看完，真的不简单，做过人事行政主管、财务主管、生产主管，离职前是一家拥有2000多人港资企业的总经理特别助理。这位老板说：“你真不简单，五六年工夫就干了三四个主管职位，是不是有很高的学历和留洋背景？”“我的学历不高，只是一个普通的本科生。”“你的目标为什么能实现得这么快呢？”他脱口而出，“其实，这也没什么，我只是在分阶段实现自己的目标而已，把目标具体细化。”

原来，他一直渴望做一个成功的高级白领。刚开始找工作时，也曾豪情万丈去应聘高级职位，可是没经验，面试了几家公司都遭到拒绝。慢慢地，他改变了对目标的看法，“任何宏伟的目标都是由一个个小的具体目标组合成的，先把小目标一个个攻破，大目标也就自然实现了。”他说，“这几年来我一直在做实质性的工作，学的是财务，便先做统计工作，由于认真细心，深受老板信任，便调去搞财务，一步一步地干到财务主管。做财务主管时，时间相对宽裕一些，又去向人事主管拜师，慢慢地人事这块又弄熟了。在做人事主管时，与车间打交道多了，对生产管理知识和工艺流程格外留心，特别是能运用财务专业知识分析成本、控制品质。于是，又顺利当上了生产主管。如今，人事、财务和生产这三大块我都比较熟悉，做个副总经理应该没问题，将来有了资金，就自己做老板。”他自信地说。

看来，当这位求职者一点点地去实现小目标时，离大目标就不远了。

【优秀女孩应该懂的道理】

成功并非一蹴而就，而是一个不断积累的过程。有些时候，一些大目标看似难以实现，但是如果你把它分解成无数个小目标，就会让自己每时每刻都能看到希望的曙光，心中始终饱含着对成功的渴望。如果每一个阶段目标都有了实现的可能，那么成功离我们也就不再那么遥远了。

每个长远目标都是由一个个并不起眼的小目标的实现堆砌起来的。在日常生活中，我们都会有自己的梦想和目标，达到目标的关键在于把目标细化、具体化。因此，你不妨把一个大目标分成许多小目标，按照实施的步骤排列起来依次完成，这样可以做得更快更好。

为梦想而奋斗

人人心中有盏灯，强者经风不熄，弱者遇风即灭。这盏灯，就是梦想。

——歌德

有一个叫查理斯的年轻人，他出生的时候医生就告诉他的母亲：“这个孩子可能是个痴呆儿，将来什么也做不了。”

查理斯三岁那年才学会走路，但他的智商却明显低于其他孩子。有一次，姐姐指着镜子里的鼻子问查理斯：“这是什么？”查理斯想了半天回答：“这个是耳朵。”更糟糕的是，他口齿非常模糊，很多时候，就连他的父母都不知道他在说什么。

七岁那年，查理斯在翻看相册时看到姐姐在电视广告中的剧照。他一下子被迷住了。于是，他对父亲说：“我也想上电视。”父亲忧心忡忡地回答：“哦，那只是一个幻想。”查理斯马上反驳父亲说：“不，不是幻想，这是我的梦想。”

从这之后，查理斯将这一梦想牢牢记在了心里。只要有时间，他就刻苦地练习唱歌和跳舞。五年后，他在学校的圣诞晚会上扮演了一位牧羊人，整场演出他只有一句台词。但就是这句话，查理斯在家反复练习了无数遍，就连说梦话都是这句台词。演出当天，查理斯的台词虽然只有一句话，但他表达得非常准确。在这次演出中，一位好莱坞的制片人记住了查理斯的名字。

10年后，这位制片人的一部电视剧中需要一个跑龙套的角色。于是，他拨通了查理斯的电话，就这样，查理斯接到了生命中第一个电视角色。终于，他圆了自己上电视的梦想。

接到这个跑龙套的角色后，查理斯仔细地琢磨着人物的性格，从多个角度思考着如何才能将这个人物演活。虽然这只是一个小小的龙套角色，查理斯也将它当成了一个不可或缺的重要角色。他每天都思考着如何才能将这个人物演绎得出色。工夫不负有心人，查理斯的努力没有白费。电视剧播出后，人们对于剧中的主角并没有太深的印象，反而对于查理斯演的这个出场次数不多的龙套角色产生了浓厚的兴趣。

就这样，查理斯得到了越来越多观众的认可，自己也频频出现在电视上。儿时的梦想终于成为现实。后来，一位编剧专门为查理斯量身打造了一部电影，影片中的人物原型正是少年时代的查理斯。

影片播出后，在社会上引起了强烈的反响。查理斯成了家喻户晓的明星，他终于实现了自己的梦想。

【优秀女孩应该懂的道理】

梦想是人生的一部分，有梦想的人生，才是完整的人生。一个没有梦想的人，就像一只断了线的风筝一样，没有任何的方向和依靠；就像大海中一艘迷失了方向的船，永远无法靠岸。我们的梦想决定了我们的人生，只要心中有梦想，心便永远不会感到迷惘。

梦想是美好的，每个人都希望自己能美梦成真，但我们也要问问自己：“我们奋斗了吗？我们为自己的梦想播种耕耘了吗？”努力是通向理想的必经之路，而奋斗是通向理想的必要条件。只有不懈地努力与奋斗，才能战胜人生中的激流，找到那条梦想之路，跳过梦想之门，找寻属于自己奋斗而得来的果实。

女孩，我们的梦想是什么？为梦想努力奋斗吧！只要我们为自己的梦想努力再努力，何愁不会成功呢？

习惯训练营：培养制定目标的方法和技巧

1．明确自己的目标

正确的目标具有非常突出的“明确性”的特点。新生活是从选择开始的。它并不是方向，而是真正的目的地。一些人之所以没有成功，主要原因就是他们往往不明确自己行动的目标。只有设定明确的目标才能锁定意念，才能够朝着所希望的目标前行。

2．制订实现目标的计划

一但定了目标及实现目标(克服障碍)的方法，就要制订每年、每月、每周甚至每天的计划。

3．将目标付诸行动

没有行动再好的目标也只是白日梦。不要拖延，不要“以后”，立即就做，现在就做。

4．规定实现目标的期限

没有期限，就等于没有目标，就永远达不到成功的彼岸。期限，是衡量目标进展的尺度，是激发我们向目标不断前进的动力。

5．不断向自己提出更高的目标

我们的目标越高，我们的眼界就越宽阔，我们的世界就越大，我们的思想也就越积极。更高的目标，能催人奋进。你完成的每一个目标和为达到目标所做的每一件事情，都须指向我们的人生目标。

教养的习惯——淑女是这样养成的

谦让是良好的修养

性情的修养，不是为了别人，而是为自己增强生活能力。

——池田大作

在一片原始森林里，一条巨蟒和一只豹子同时盯上了一只羚羊。豹子和巨蟒互相瞪着，各自打着“算盘”。豹子想：如果我要吃到羚羊，必须先消灭巨蟒。巨蟒想：如果我要吃到羚羊，必须先消灭豹子。

于是，几乎在同一时刻，豹子扑向了巨蟒，巨蟒扑向了豹子。豹子咬着巨蟒的脖颈想：如果我不下力气咬，我就会被巨蟒缠死。巨蟒缠着豹子的身子想：如果我不下力气死缠，我就会被豹子咬死。于是双方都拼尽了全力。趁着这个当口，原本惊恐万状的羚羊悠闲地迈着步子走了，而豹子和巨蟒双双毙命。

猎人目击了这一场争斗的全过程，说：“如果他们同时扑向猎物，而不是扑向对方，然后平分猎物，两者就不会死；如果他们同时走开，一起放弃猎物，两者也不会死；如果他们中的一方走开，一方扑向猎物，两者还是不会死；如果他们在意识到问题的严重性时及时松开对方，两者一样不会死。他们的悲哀就在于，把本该具备的谦让，转化成了你死我活的争斗。”

【优秀女孩应该懂的道理】

生活离不开谦让，谦让别人也是在谦让自己，学会谦让，我们就会获得社会的尊重和敬爱，同时也能得到意想不到的收获。

谦让是做人的基本素质，具有谦让品质的人在群体中是受欢迎的、愿意与之合作的人。一个人骄横、唯我独尊、处处以个人利益为先、不会谦让，他将是孤家寡人。因此，懂得并学会谦让是学会做事、建立良好人际关系的重要因素之一。

一句简单的“对不起”

有些老人显得很可爱，因为他们的作风优雅而美。而尽管有的年轻人具有美貌，却由于缺乏优美的修养而不配得到赞美。

——培根

在一所中学的食堂里，学生们正井然有序地排着队，这时候，有一个初三的男生被前面的同学一推搡，不小心后退踩了身后一位男同学的脚。因为觉得自己也是受害者，所以，这个男生没有道歉。这可把他身后的男生惹火了，他大声骂了起来：“有没有素质呀你，踩到人了不会道歉啊？”

结果这个男生也急了，用胳膊肘狠狠地捅了一下身后的那个同学，于是，两个人扭打成一团。直到老师赶到，才制止了这场可能会进一步激化的打斗。

【优秀女孩应该懂的道理】

本来是一件小事，却因为不懂道歉而发展成斗殴事件，这是人们所不愿看到的。在生活中，当我们相互之间发生了不愉快的事情时，如果我们都能够做到讲礼貌，时时多讲两句对不起，许多大事就可以化小，小事便可以化无了。

对女孩来讲，一句“对不起”更能显示出她们的气度和风度，一句“对不起”会化解很多尴尬，也会化解很多的不愉快。说“对不起”不代表女孩的屈服和低头，而是一种魅力的展现。学会说“对不起”，其实就是让女孩要懂礼貌。文明的语言，礼貌的举止能够体现一个人的内涵和修养，也有助于一个人健康的成长和事业的成功。

准时是帝王的礼貌

修养的本质如同人的性格，最终还是归结到道德情操这个问题上。

——爱默生

德国哲学家康德是一个十分守时的人。1779年，他想要去一个名叫珀芬的小镇拜访他的一位老朋友威廉先生。于是，他写了信给威廉，说自己将会在3月5日上午11点钟之前到达那里。威廉回信表示热烈的欢迎。

3月4日，康德就到达了珀芬小镇，为了能够在约定的时间到达威廉先生那里，他第二天一早就租了一辆马车赶往威廉先生的家。威廉先生住在一个离小镇十几公里远的农场里。而小镇和农场之间，隔着一条河。康德需要从桥上穿过去。但马车来到河边时，车夫停了下来，对车上的康德说："先生，对不起，我们过不了河了，桥坏了，再往前走很危险。"

康德只好从马车上下来，看看从中间断裂的桥，他知道确实不能走了。此时正是初春时节，河虽然不宽，但河水很深。康德看看时间，已经10点多了，他焦急地问："附近还有没有别的桥？"

车夫回答："有，先生。在上游的地方还有一座桥，离这里大概有6公里。"康德问："如果我们从那座桥上过去，以平常的速度多长时间能够到达农场？""最快也得40分钟。"车夫回答。这样康德先生就赶不上约好的时间了。

于是，他跑到附近的一座破旧的农舍旁边，对主人说："请问您这间房子肯不肯出售？"农妇听了他的话，很吃惊地说："我的房子又破又旧，而且地段也不好，你买这座房子干什么？""你不用管我有什么用，你只要告诉我你愿不愿意卖？""当然愿意，200法郎就可以。"

康德先生毫不犹豫地付了钱，对农妇说："如果您能够从房子上拆一些木头，在20分钟内修好这座桥，我就把房子还给你。"农妇再次感到吃惊，但还是把自己的儿子叫来，及时修好了那座桥。

马车终于平安地过了桥。10点50分的时候，康德准时来到了老朋友威廉的房门前。一直等候在门口的老朋友看到康德，大笑着说："亲爱的朋友，你还像原来一样准时啊。"

康德和老朋友度过了一段快乐的时光，但是他对于为了准时过桥而买下房子、拆下木头修桥的过程却丝毫没有提及。后来，威廉先生还是从那位农妇那里知道了这件事，他专门写信给康德说：老朋友之间的约会大可不必如此煞费苦心，即使晚一些也是可以原谅的，更何况是遇到了意外呢。但是康德却坚持认为守时是必须的，不管是对老朋友还是陌生人。

【优秀女孩应该懂的道理】

守时，对一个人来说是一种好习惯，在与他人的交往中是一种礼貌和信用。守时与否体现了一个人的教养和基本素质，不可小视。守时是尊重别人的时间和尊重自己的时间。尊重别人的时间相当于尊重别人的人格、权利，尊重自己的时间则无疑是珍惜自己的生命。

很多女孩子都会有这样的心理：迟到几分钟，让别人等会儿，才能体现出自己的重要性。但是别人会这么想吗？难道早到的人就不重要了吗？不能严格地遵守时间，是对我们个人信誉和完美形象的严重破坏。所以，不要以堵车、出门太晚为由迟到，因为这些都是可以避免的，更千万不要故意迟到。守时是一种态度，守时的人更容易获得他人的尊重。

塑造优雅的气质形象

气质之美与其说是来自内心的修养，不如说它是来自一种对美好事物的欣赏能力。这份欣赏能力就使一个人的言谈举止不同流俗。

——罗兰

于淼长得称不上美丽，但是只要她一出现，就会立即引来众多注意的目光。她从英国留学回来，举手投足间彰显的都是优雅的英伦风。一年四季，她永远是穿裙子，即使是隆冬腊月，她也会穿着别具风情的靴子、裙子。她一头乌黑的长发总是飘逸在腰间，她走路永远都是挺胸抬头，步履从容，面带微笑。

从她进入办公室的第一天起，就引起了大家的讨论。那些只会在外表上打扮自己的女生在她面前都会黯然失色，男同事也会觉得欣赏她优雅的装扮是一种享受。即使是于淼下班等车的时候，路人从她身边经过，都会禁不住多看她几眼，有些女孩子还说：“我要是像她这么有气质就好了！”

【优秀女孩应该懂的道理】

一个人的言行举止，包括她选择怎样的衣饰，都像一张名片一样向别人展示着自己，展示着自己的身份、修养、气质。所以，女孩要想具有优雅的气质，就需要从举手投足上注意修炼。要知道，优雅与否，无不体现在一举手，一投足，一回头，一转身之间。

举止优雅带给女孩的好处非常多，它不仅赋予了女孩柔性、大气、得体之美，更为女孩成长为小淑女奠定了最强有力的基础。女孩应该学会优雅，不只是谈吐和举止，更重要的是性情，谈吐和举止可以一时优雅，真正的优雅来源于丰富的内心、智慧、博爱，还有理性与感性的完美结合。

有礼貌的女孩人人夸

礼貌使有礼貌的人喜悦，也使那些受人以礼貌相待的人们喜悦。

——孟德斯鸠

有一个姑娘从城里到乡下办事，在途中迷了路，正不知如何是好的时候，看见前面走来一位老大爷。姑娘由于心情焦急，脱口喊道：“喂，往王村还有多远？”老大爷一看这个打扮漂亮的姑娘说话怎么一点礼貌都没有，也就没好气地回答说：“还有五拐杖！”姑娘心想，人家都急死了，你还有心思开别人的玩笑，又说：“哎呀，路是论里的，怎么论拐杖呢？”“‘论里’？论理你该叫我声‘大爷’！”姑娘这时才意识到自己由于心急而忘了礼貌，赶紧给老大爷赔不是，并正确称呼了老大爷。这位老大爷也就很详细地给姑娘指了去王村的路，姑娘连声谢谢。终于达到了目的地。

【优秀女孩应该懂的道理】

礼貌是社会交往中的行为规范，也是人们个人修养的显现。如果缺少了礼貌，一个人会被别人视为缺乏教养而排斥，甚至惹出不愉快的事情来。“有礼走遍天下，无礼寸步难行”。从这个意义上讲，没有礼貌的人是举步维艰的。

礼貌是修养的外衣，一个有教养的人身上必定有良好的文明礼仪。礼貌待人既体现出对他人的尊重，也反映了人与人之间平等与友好的关系。一个懂文明礼貌的女孩子，必定是受人欢迎和喜欢的。

“谢谢”是一个极其温暖的词汇

礼貌是儿童与青年所应该特别小心地养成习惯的第一件大事。

——约翰·洛克

一个小县城的一所中学开家长会，来了几十位家长，几个女同学负责接待。可有些孩子，根本不懂接待是什么意思，她们只是把家长们迎进来，让座、倒茶，空下来的时候，就开始窃窃私语。交头接耳的女孩子们把眼光集中在了一个人身上。那是转学来的一位同学的母亲，来自北京。她的容貌并不漂亮，衣着和发式也并不显得很时髦，可是女孩子们用她们仅有的词汇得出了一个一致的结论：她最有风度。

其中的一个女孩子去给那位母亲倒水，回来时，脸颊红红的。她迫不及待地对自己的同学们说：“你们猜，我倒水时她对我说什么了？”不等同学们猜，她就说了出来：“她说，谢谢。”

女孩子们面面相觑。在她们这样的年纪，在她们这么偏远的小县城里，没有谁用过、听过“谢谢”这两个字。这是一个多么新鲜、温暖的词汇啊。

女孩子们开始争先恐后地去倒水，然后一个个脸红红地回来。轮到去倒水的女生甚至会有点儿心跳，她们总是害羞地走到那位“最有风度”的母亲面前，轻轻地加满水，红着脸听人家说一声“谢谢”。那个时候的她们，还不会说“不客气”。

那次家长会后，那个转学来的同学成为所有同学羡慕的对象。大家都认为，她拥有一个最最幸福的家庭。从那次家长会后，那些窃窃私语的女孩子们学会了一个极温暖的词汇：谢谢。

【优秀女孩应该懂的道理】

“谢谢”是一种礼貌、一种习惯。说“谢谢”，反映了一个人的态度：感恩、谦卑。一声“谢谢”，虽然微不足道，却体现了一个人的素养，还可以赢得别人对我们的好感。

学会说声“谢谢”，其实不难，不要觉得难为情，不要觉得谢谢起不了什么作用。学会说谢谢，将会成为我们人生道路上的“润滑剂”，将会减少人际摩擦，滋润人际关系，有助于成就事业。所以，对于不管什么人给予自己的哪怕是再微不足道的帮助和关怀，也不要忘记说声“谢谢”。

习惯训练营：培养良好教养习惯的方法和技巧

1．掌握礼貌用语

掌握基本的礼貌用语，比如“请，您好，谢谢，对不起，不客气”。虽然只有简短的几个字，但是却表达了对他人的尊重、关心、热情、谦让。

2．懂得礼貌行为

为了使我们有一个良好的形象，就必须学会从小事做起，养成良好的举止行为。例如，不要随便乱吐口水，不要当众挖鼻孔；不要走路左摇右晃，横冲直撞；站立的时候要保持良好的姿态，身体直立、挺胸收腹、忌讳无精打采、控脖、耸肩、塌腰；与人交谈时要态度诚恳、亲切，面带微笑，使用文明用语，简洁得体，不能沉默无言，也不能自己喋喋不休，要认真倾听对方讲话，交谈时忌讳东张西望、翻看其他东西。

3．遵守交通规则

当过马路的时候要首先看一下是否是绿灯，再看一下是否有车辆通过，不追逐打闹，保证自己的安全，过马路时要走人行横道。在乘坐公交车时，要主动给老、弱、病、残、孕妇及师长让座，不争抢座位。

4．遵守公共秩序

遵守公共秩序，购票、购物、乘车时要按顺序，不插队、不拥挤。对营业人员要有礼貌。爱护公共设施、爱护花草、树木，保护动物。不要踩踏花草，不要伤害动物。观看演出时要做文明的观众，演出结束时要鼓掌致意。在公共生活中，人与人之间应该团结友爱，相互关心，相互帮助。

道德的习惯——
拥有优良的道德品质，让女孩更优秀

小伙子与海鸥

> 一个人只要真诚，总能打动人的，即使人家一时不了解，日后也会了解的……我一生做事，总是第一坦白，第二坦白，第三还是坦白。绕圈子，躲躲闪闪，反而叫人疑心；你耍手段，倒不如光明正大，实话实说，只要态度诚恳、谦卑、恭敬，无论如何人家不会对你怎么样的。
>
> ——傅雷

曾经有一个年轻的小伙子，他与年迈的父亲一同住在海边。性格孤僻的他，很少与同龄人一同玩耍，因此，他天天坐在海边与海鸥一同嬉戏。

久而久之，他与海鸥之间形成了一种默契，只要他站在海边，吹一声口哨，就会出现成百上千的海鸥降落在他的周围，他跑，海鸥盘旋在他的上空；他坐，海鸥落在他的肩上；他躺在沙滩上，海鸥就在他的身上憩息。远远望去形成了一道美丽的风景，人人见了无不称奇。

后来，有人对他父亲说："你儿子与海鸥的关系如此亲密，就拜托他捉几只回来玩玩。"父亲也觉得新鲜，就对他说："乡亲们听说你经常与海鸥一起嬉

戏，关系甚是友好，给我也捉一只来吧，我也想体验一下那滋味。”小伙子点头答应了父亲的请求。

第二天，他与往日一样，刚到海边，就吹起了长长的一声口哨，一群海鸥马上就出现在他的上空。可是，奇怪的事情发生了，无论他多么努力吹口哨，海鸥仍然盘旋在他的上空，就是不肯与他接近。小伙子深深地埋下了头。

【优秀女孩应该懂的道理】

做人要真诚。离开了真诚，则无友谊可言。一个真诚的心声，才能唤起一大群真诚人的共鸣。只要真诚对待对方，才能赢得对方的信赖。

真诚是做人的根本。如果我们是一个真诚的人，人们就会了解我们、相信我们，不论在什么情况下，人们都知道我们不会掩饰、不会推脱，都知道我们说的是实话，都乐于同我们接近，我们也就容易获得好人缘。

对女孩来说，要做到真诚待人，首先要做到热情关心、真心帮助他人而不求回报，对朋友的不足和缺陷能诚恳批评。对人、对事实事求是，对不同的观点能直陈己见而不是口是心非，既不当面奉承人，也不在背后诽谤人，做到肝胆相照、赤诚待人、襟怀坦白。

不做违心广告的女大学生

良心是一种根据道德准则来判断自己的本能，它不只是一种能力；它是一种本能。

——康德

曾有一位经济拮据的女学生在高考中以优异成绩被某名牌大学录取。可她却为学费而忧虑。一家生产健脑口服液的企业获得这一信息后表示愿意出万元资助，条件是要她做一则电视广告，说是服了这家企业生产的健脑口服液才头脑敏捷、一举夺魁的。

一则几秒钟的广告就可取得如此丰厚的报酬，以解燃眉之急，何乐而不为呢？可她却没有答应，她说："我家清贫，上中学的学杂费都是父母东拼西凑的，我从来没喝过口服液，也根本喝不起，是老师的辛勤教诲和自己的刻苦攻读，才取得这样好的成绩。如果我违心地做了这个广告，今后在社会上还怎么做人？"多实在的话！它折射出一个正直学生美好心灵的闪光。

万元资助，对一个家境贫寒而又急需钱用的学生来说是一笔多么诱人的数目，可她却毫不动心，断然谢绝。这一举动，展示着当代青年的崭新精神风貌和崇高的人生价值。

女大学生坚守自己的道德底线，以正直的做人行为，给社会带来了巨大的精神财富。最终，她交了一份质量很高的人生答卷：高考、做人两个满分。

【优秀女孩应该懂的道理】

品德是一个女孩的灵魂，是她走向社会的指南针，是她为人立世、事业成功的根基。人生在世，总有一些基本的东西不能丢弃，比如道德、良知、人格等。这些做人应该遵守的最基本的行为规范，就是人生的道德底线。如果一个人失去了道德底线，这个人就没有了立身之本，就没有了精神支柱和灵魂。

良好的品德就是影响力，是社会交往中的通行证。它可以帮助人获得事业的成功，赢得友谊，获得尊重与爱戴。

诚实带给你意外收获

诚实是力量的一种象征，它显示着一个人的高度自重和内心的安全感与尊严感。

——艾琳·卡瑟

王丽娟大学毕业前夕，去人才市场找工作。一家服装公司的市场部要招四名市场调研员。基本要求是：口才好，文笔好，能吃苦耐劳，还要有两年以上工作经验。王丽娟口才一向不错；文笔也没有问题，大学四年，她做了三年校报主编，文章发了100多篇；吃苦耐劳，这是农家孩子的本色；但就是缺少工作经验。但她很喜欢这个工作，不想就这么放弃了，于是就填好一张表格交了上去。

随后的笔试、面试都顺利过关。最后一关是实践测试，公司发给经层层筛选而剩下的20个人每人10份调查表，给一个星期的时间去搞调查，在一周之内，谁完成的调查表又多又好，谁就会被录取。

但调查起来才发现，这实在不是一件容易的事。因为调查表的内容设计得非常详细，细到让人不耐烦的地步。一些数据还涉及几年前的销售情况，结果被调查的人一翻那份厚达七八页的调查表，就直皱眉头，大都以“实在太忙”予以婉拒。

王丽娟辛辛苦苦地跑了四天，也只做好了两份调查表。剩下几天，她跑得更加卖劲了。有一家服装商厦，她连跑了三趟，留在那里的调查表还是空白一片。那位经理深受感动，就好心对她说：“我现在实在是没有时间。这样吧，我给你的调查表盖上章，数据你回去自己填，反正也没人知道，怎么样？”她一想，这倒是个好办法：大部分的单位，求其盖个章也不是很容易的。至于数据，照着那份填好的调查表，改动一下就是了。但又一想：不行！这样一来，调查表也就失去了任何参考价值。考虑再三，她最终还是谢绝了那位经理的好意。

期限到了，王丽娟拿着三份调查表去交差，而其他人则拿了厚厚一叠调查表。看来，这份工作是没有希望了，想着自己前面的努力都将前功尽弃，王丽娟真有点后悔当初没听那位经理的话。

但是出人意料的是，三天后，那家公司打电话来通知王丽娟，她被正式录用了。

一位中年人事经理在办公室等待了前来报到的王丽娟。她拍着王丽娟的肩膀说：“所有人之中，只有你一个人没有工作经验。但我还是给了你一次机会。你们交回调查表后，公司马上就派人去核实……你们的工作会直接影响公司的营销策略，容不得半点虚假。”最后，他意味深长地对王丽娟说：“你要记住，无论干什么，一个不诚实的人是永远没有前途的。”

【优秀女孩应该懂的道理】

诚实是一种可贵的品质，一个人只有诚实可信，才能够建立起良好的信誉，才能获得别人的真诚对待。在这个复杂的社会，你越是诚实可信，人们越会认为你难得，越值得交往和相处。诚实不需要华丽的辞藻来修饰，不需要甜言蜜语来遮掩，它是生命的原汁原味，它是天地之间的一种本真和自然。

买啤酒的少年

失足，你可能马上复站立，失信，你也许永难挽回。

——富兰克林

早年，尼泊尔的喜马拉雅山南麓很少有外国人涉足。后来，许多日本人到这里观光旅游，据说这是源于一位少年的诚信。

一天，几位日本摄影师请当地一位少年代买啤酒，这位少年为之跑了三个多小时。

第二天，那个少年又自告奋勇地来替他们买啤酒。这次摄影师们给了他很多钱，但直到第三天下午那个少年还没回来。于是，摄影师们议论纷纷，都认为那个少年把钱骗走了。第三天夜里，那个少年却敲开了摄影师的门。原来，他在一个地方只购得四瓶啤酒，于是，他又翻了一座山，趟过一条河才购得另外六瓶，返回时摔坏了三瓶。他哭着拿着碎玻璃片，向摄影师交回零钱，在场的人无不为之动容。这个故事使许多外国人深受感动。后来，到这儿的游客就越来越多。

【优秀女孩应该懂的道理】

诚信是一种道德品质和道德规范。无诚则无德，无信则事难成。一个讲诚信的人，能够前后一致，言行一致，表里如一。人们可以根据他的言论去判断他的行为，进行正常的交往。以诚信的态度处世，养成诚信的为人与习惯，以“信”为原则，讲信义、重信义，这样的人才会为人们所接受。

商人收养的孤女

诚实的人必须对自己守信，他的最后靠山就是真诚。

——爱默生

30年前，美国华盛顿一个商人的妻子，在一个冬天的晚上，不慎把一个皮包丢在一家医院里。商人焦急万分，连夜去找。因为皮包里不仅有10万美金，还有一份十分机密的市场信息。

当商人赶到那家医院时，他一眼就看到，清冷的医院走廊里，靠墙根蹲着一个冻得瑟瑟发抖的瘦弱女孩，在她怀中紧紧抱着的正是妻子丢的那个皮包。

原来，这个叫西亚达的女孩，是来这家医院陪病重的妈妈治病的。相依为命的娘儿俩家里很穷，卖了所有能卖的东西，凑来的钱还是仅够一个晚上的医药费。没有钱明天就要被赶出医院。晚上，无能为力的西亚达在医院走廊里徘徊，她天真地想求上帝保佑，能碰上一个好心人救救她妈妈。突然，一个从楼上下来的女人经过走廊时腋下的一个皮包掉在地上，可能是她腋下还有别的东西，皮包掉了竟毫无知觉。当时走廊里只有西亚达一个人，她走过去捡起皮包，急忙追出门外，那位女士却上了一辆轿车扬长而去了。

西亚达回到病房，当她打开那个皮包时，娘儿俩都被里面成沓的钞票惊呆了。那一刻，她们心里都明白，用这些钱可以治好妈妈的病。妈妈却让西亚达把皮包送回走廊去，等丢包的主人回来取。妈妈说，丢钱的人一定很着急。人的一生最该做的就是帮助别人 ，急他人所急；最不该做的是贪图不义之财，见财忘义。

虽然商人尽了最大的努力，西亚达的妈妈还是抛下了孤苦伶仃的女儿。她们俩不仅帮商人挽回了10万美金的损失，更主要的是那份失而复得的市场信息，使商人的生意如日中天，不久就成了大富翁。

被商人收养的西亚达，读完了大学就协助富翁料理商务。虽然富翁一直没委任她任何实际职务，但在长期的历练中，富翁的智慧和经验潜移默化地影响了她，使她成了一个成熟的商业人才。到富翁晚年时，他的很多意向都要征求西亚达的意见。

富翁临危之际，留下一份令人惊奇的遗嘱：在我认识西亚达母女之前我就已经很有钱了。可当我站在贫病交加却拾巨款而不昧的母女面前时，我发现她们最富有，因为她们恪守着至高无上的人生准则，这正是我作为商人最缺少的。我的钱几乎都是尔虞我诈、明争暗斗得来的。是她们使我领悟到了人生最大的资本是品行。

我收养西亚达既不是为知恩图报，也不是出于同情。而是请了一个做人的楷模。有她在我的身边，生意场上我会时刻铭记：哪些该做，哪些不该做，什么钱该赚，什么钱不该赚。这就是我后来业绩兴旺发达和成为亿万富翁的根本原因。

我死后，我的亿万资产全部留给西亚达继承。这不是馈赠，而是为了我的事业能更加辉煌昌盛。

我深信，我聪明的儿子能够理解爸爸的良苦用心。

富翁在国外的儿子回来时，仔细看完父亲的遗嘱，立刻毫不犹豫地在财产继承协议书上签了字：我同意西亚达继承父亲的全部资产。只请求西亚达能做我的夫人。

西亚达看完富翁儿子的签字，略一沉吟，也提笔签了字：我接受先辈留下的全部财产——包括他的儿子。

【优秀女孩应该懂的道理】

优秀的品德是个人成功最重要的资本，是人最核心的竞争力。具有优秀品德的人，总是会时常从内心爆发出自我积极的力量，使人们了解她、接纳她、帮助她、支持她，使她的事业获得成功，使她受到人们的尊重和敬仰。可以说，好的品德是推动一个人人生不断前进的动力。

好的人品是最高贵的个人资产。如果一个人具有令人折服、敬佩的品格，她就会随时随地都受人欢迎。无论她贫富贵贱，她都会成为别人乐意交往的对象。因为优秀的品格有一种神奇的力量，足以感化人们的心灵。

习惯训练营：培养良好道德习惯的方法和技巧

1．学思明理

认真学习和掌握社会主义道德的各种知识和做人的道理，并对所学的道德知识和人生哲理予以深入思考，掌握社会主义道德规范的要求以及其他评价准则，明辨是非，分清善恶，懂得丑美。这是进行道德修养锤炼、个人品德的第一个方法。

2．效仿榜样

榜样的力量是无穷的。以模范人物的优良品德、高尚道德情操作为自己的榜样，努力效仿，从小事做起，循序渐进，不懈追求，积极进取，从而塑造自己优良的个人品德。

3．积善成德

精心地呵护自己的善意，精心地保护自己的善行，使其不断地积累成为个人品德。习惯成自然，最重要的是最终形成自己的道德个性品质。

4．反省自己

通过反复检查以发现和找出自己思想中的不良念头和行为上的不良习惯，坚决克服和整治掉所发现的不良念头和习惯。只有坚决改正自己的思想、道德和行为上存在的问题，才有可能在实践中不断改造和完善自我。

5．慎独自律

慎独是在个人独处、无人监督时，也坚守自己的道德信念，对自己的言行小心谨慎，自觉按道德要求行事，不做任何不道德的事。

高效做事的习惯——做事更高效，生活更快乐

王安的教训

我们所要做的事，应该一想到就做；因为人的想法是会变化的，有多少舌头，多少手，多少意外，就会有多少犹豫，多少迟延。

——莎士比亚

华裔电脑名人王安博士声称影响他一生的最大教训，发生在他六岁的时候。

有一天，王安外出玩耍。当他路经一棵大树的时候，突然有什么东西掉在他的头上。他伸手一抓，原来是个鸟巢。他怕鸟粪弄脏了衣服，于是赶紧用手拨开。

鸟巢掉在了地上，从里面滚出了一只嗷嗷待哺的小麻雀。他很喜欢它，决定把它带回去喂养，于是连鸟巢一起带回了家。

王安走到家门口时，忽然想起妈妈不允许他在家里养小动物，所以，他轻轻地把小麻雀放在门后，看了看，才走进室内。他打算请求妈妈，允许他养那只小麻雀。

在他的苦苦哀求下，妈妈破例答应了儿子的请求。

王安兴奋地跑到门后，不料，小麻雀已经不见了。一只黑猫正在那里意犹未尽地擦拭着嘴巴。王安为此伤心了好久。

这件事给了王安终身受益的教训，他由此得出一个结论：只要是自己认为对的事情，绝不可优柔寡断，必须马上付诸行动。不能做决定的人，固然没有做错事的机会，但也失去了成功的机运。

【优秀女孩应该懂的道理】

犹豫不决是效率的敌人，同样也是一个人成功的障碍。在人生中，思前想后、犹豫不决固然可以免去一些做错事的可能，但更大的可能是会失去更多成功的机遇。

生活中，很多女孩有犹豫不决的坏习惯，她们一遇事就举棋不定、不敢拿主意。她们之所以这样，是因为她们不知道事情的结果会怎样——究竟是好是坏，是凶是吉。她们常常对自己的判断产生怀疑，不敢相信她们自己能解决重要的事情。当然她们由于犹豫，失去了很多机会，同时也使她们自己美好的想法陷于破灭。人生应该思考，但绝不该犹豫。面对十字路口的时候，不该没有选择，只要认清方向，就该放胆前行，犹豫只会让人胆怯。

做事分清轻重缓急

世界上只有两种物质：高效率和低效率；世界上只有两种人：高效率的人和低效率的人。

——萧伯纳

美国伯利恒钢铁公司总裁查尔斯·舒瓦普，向效率专家艾维·利请教“如何更好地执行计划”的方法。

艾维·利声称可以在10分钟内就给舒瓦普一样东西，这东西能把他公司的业绩提高50%，然后他递给舒瓦普一张空白纸，说：“请在这张纸上写下你明天要做的六件最重要的事。”舒瓦普用了五分钟写完。

艾维·利接着说：“现在用数字标明每件事情对于你和你的公司的重要性次序。”

这又花了五分钟。

艾维·利说："好了，把这张纸放进口袋，明天早上第一件事是把纸条拿出来，做第一项最重要的。不要看其他的，只是第一项。着手办第一件事，直至完成为止。然后用同样的方法对待第二项、第三项……直到你下班为止。如果只做完第一件事，那不要紧，你总是在做最重要的事情。"

艾维·利最后说："每一天都要这样做——您刚才看见了，只用10分钟时间——你对这种方法的价值深信不疑之后，叫你公司的人也这样干。这个试验你爱做多久就做多久，然后给我寄支票来，你认为值多少就给我多少。"

一个月之后，舒瓦普给艾维·利寄去一张2.5万美元的支票，还有一封信。信上说，那是他一生中最有价值的一课。

五年之后，这个当年不为人知的小钢铁厂一跃而成为世界上最大的独立钢铁厂。人们普遍认为，艾维·利提出的方法功不可没。

【优秀女孩应该懂的道理】

分清轻重缓急是提高做事效率最简单也是最重要的方法。它不但能够使得有限的时间得到充分地利用，还可以为我们赢得更多的时间和精力。

任何事情都有轻重缓急之分。只有分清哪些是最重要的并把它做好，做事才会变得井井有条，卓有成效。如果我们分不清事情的轻重缓急，不但会浪费许多时间，更会让我们的努力全部"归零"。所以，为了提高做事效率，我们要试着多思考一些，学会分清事情的轻重缓急而先做重要的事。

泡茶的三种办法

如果说金钱是商品的价值尺度，那么时间就是效率的价值尺度。因此对于一个办事缺乏效率者，必将为此付出高昂代价。

——培根

一个人想泡壶茶喝。当时的情况是：开水没有；水壶要洗，茶壶茶杯要洗；火生了，茶叶也有了。怎么办？办法一：洗净水壶，灌上凉水，放在火上，坐待水开；水开了之后，急急忙忙找茶叶，洗茶壶茶杯，泡茶喝；办法二：先做好一些准备工作，洗水壶，洗茶壶茶杯，拿茶叶；一切就绪，灌水烧水；坐待水开了泡茶喝。办法三：洗好水壶，灌上凉水，放在火上；在等待水开的时间里，洗茶壶、洗茶杯、拿茶叶；等水开了，泡茶喝。哪一种办法省时间？我们一眼就能看出第三种办法好，前两种办法都浪费了时间。

【优秀女孩应该懂的道理】

合理安排时间，就等于节约时间。时间给每个人同一时期拥有的数量是相等的，但是在相等的时间里所从事的效果、业绩却不是相等的。这就是每个人的效率不同。要想切实提高做事效率，掌控好时间显得至关重要。

生活中，许多人非常勤奋努力，每天都忙，但总是没有做好自己应该做的事情，关键是没有合理地利用时间。所以，面对错综复杂的事务，要想应付自如，得心应手，需要根据我们的计划和目标，科学地分配和利用好自己的时间。

忘记访客的罗丹

忙碌和紧张，能带来高昂的工作情绪；只有全神贯注时，工作才能产生高效率。

——松下幸之助

一天，奥地利作家斯蒂芬·茨威格去乡下探望好朋友、著名雕塑家奥古斯特·罗丹。在简朴的工作室里，罗丹兴高采烈地介绍自己的新作——一座女性半身像。他仔细地审视着这幅作品，对旁边的茨威格说："只有那肩膀上的线条还显得有些僵硬。对不起……"

说着说着，罗丹顺手拿起一把小刀就开始摆弄起这座雕像，自顾自地干了一个多小时，把身边的茨威格忘得一干二净。除了理想中的雕像外，他脑子里再也装不下任何东西，工作就是他存在的唯一理由。终于，完美的雕像诞生了，大功告成！

然后，罗丹心满意足地朝门外走去，却突然发现了一直耐心等待的客人。他觉得非常过意不去，连忙向客人道歉："对不起，先生，我简直把你忘记了。"

虽然被冷落了一个多小时，茨威格却感叹道：“我在这一天的收获，比在学校几年的收获还大。我从来没有见过一个人可以如此专注地工作，甚至忘了时间和整个世界，这太让我感动了。在这短短一个小时里，我懂得了成功的秘诀——专注。只要我们全神贯注地工作，无论大小，最终一定会成功。”

【优秀女孩应该懂的道理】

专注可以使人进入忘我的境界。一个专注的人，往往能够把自己的时间、精力和智慧凝聚到所要干的事情上，从而最大限度地发挥积极性、主动性和创造性，提高做事效率，努力实现自己的目标。对女孩来说也是如此，只有善于克制自己，把精力投入到学习中去，完成自己的职责，才有成功的希望。

第一次就把事情做好

在今天和明天之间，有一段很长的时间；趁你还有精神的时候，学习迅速地办事。

——歌德

小张在一家公司做内勤工作，负责公司里的一些杂务事情。有一次，公司的复印机出了问题，总是卡纸，老板让他找人修理一下。经过修理人员的检查，发现原来是搓纸轮老化造成的。修理人员更换新的搓纸轮后，复印机可以正常运转了，但修理人员发现复印机的定影器也有点问题，问小张是否需要更换一个新的。

小张认为既然复印机现在已经修好了，也就没必要再动别的零件，再说自己下午还有别的事要办呢，哪有时间陪他们修这个。他心想，等有了问题再说吧！于是，就打发修理人员快走。修理人员走时，对他说：“现在不换，过一两个月后你还是得换！”

一个月后，当老板复印一份重要文件的时候，发现复印机居然彻底不工作了。他大发雷霆，叫来小张：“你是怎么办事的！上个月才修了一次，现在就不能用了！上次修的时候你彻底检查了吗？”

小张想起了上次修理人员的提醒，觉得理亏，马上打电话让修理人员过来，可对方说太远，而且连续几天的工作都安排满了，如果他着急的话，只能他自己把机器拖过去才行。小张只得灰头土脸地找出租车，找人搬机器……

【优秀女孩应该懂的道理】

生活中，我们是否也和故事中的小张一样，因第一次没把事情做好，我们要忙着改错或是补救，使事情越忙越乱，浪费大量的时间和精力，给自己造成麻烦。事实上，最浪费时间的事情就是一件事情开始没有做好，被推倒重来。比如：写作业，如果不能一次做好，改来改去，改的过程是不是浪费我们时间的过程、降低效率的过程。而第一次就把事情做好，就不会再返工或是再重复，这样就会提高做事的效率。

女孩，如果我们想提高做事效率，就要用高标准来要求自己，争取第一次就把事情做对、做好，不给自己留下再三纠错的后遗症。

习惯训练营：培养高效做事习惯的方法和技巧

1．要事第一

要事第一是高效做事的关键。要事第一就是在做事的过程中分清事情的重要程度，按事情重要程度的顺序做事，把最重要的事放在最重要的位置上。只是忙碌地做事并不能产生高效率，先做好最重要的事情才是成功的关键。

2．勤于动脑

一味地苦干蛮干是无法提高效率的，还应该讲究做事的方式、方法。要想提高效率还应该带着思考去做事，理性地处理问题。不仅要善于借助他人的力量，学会利用新科技，还要能够在难于突破的问题上积极创新、不墨守成规。

3．专注目标

高效做事的前提是制定一个清晰的目标。只有目标清晰，才能头脑清醒、精力集中，不被琐事缠身。在这个基础上才可以理清事情的头绪，把复杂的工作事情简化。

4．拒绝拖延

高效做事要求我们必须要彻底根除办事拖拉的毛病，从现在就开始行动。所以，无论是在学习还是在生活中，大事还是小事，凡是应该立即去做的事情，就应该立即行动，绝不能拖延。一个成功的人总是立即采取行动，从不拖延。

5. 规定做事期限

成功不是在期待中来到的，而是在行动中光临的。我们必须坚持养成一种习惯：任何一件事情都必须在规定好的几分钟、一天或者一个星期内完成，每一件事情都必须有一个期限。如果坚持这么做，我们就会努力赶上期限，提高做事效率。

与人为善的习惯——乐于助人，多为他人着想

爱心带来奇迹

爱别人，也被别人爱，这就是一切，这就是宇宙的法则。为了爱，我们才存在。有爱慰藉的人，无惧于任何事物，任何人。

——彭沙尔

在波斯里亚的一个小村庄里，住着一个叫弗西姆的妇人，她有两个可爱的儿子和一个善良的丈夫。她的丈夫在奥地利工作，有一天，丈夫从奥地利带回两条金鱼，养在鱼缸里。

不久，波斯尼亚战争爆发了，弗西姆的丈夫为国家献出了生命，而战争也毁灭了他们的家园。弗西姆只好带着孩子到他乡逃难，临行前，弗西姆并没有忘记那两条金鱼，因为那也是两条生命啊，而且还是丈夫给自己和孩子的礼物。她把金鱼轻轻地放入一个小水坑里，然后出发了。

几年以后，战争结束了，弗西姆和孩子们重返家园。而家乡仍是一片废墟，弗西姆不知道怎么样才能使自己的家重现生机。

忽然，她发现在她曾经放过金鱼的小水坑里，浮动着点点金光，原来是一群可爱的小金鱼。它们一定是那两条金鱼的后代。弗西姆突然间看到了希望，她像看到了丈夫的鼓励，她和孩子们精心饲养起那些金鱼来，她相信，生活会像金鱼一样，越来越好。

弗西姆和她的金鱼的故事逐渐流传开来。人们从各地赶来，观赏这些金鱼，当然，走的时候也不会忘记买上两条带回家。也许，那金鱼象征着希望。没用多长时间，弗西姆和孩子们凭着卖金鱼的收入，过上了幸福的生活。

【优秀女孩应该懂的道理】

弗西姆用自己的爱心拯救了两条金鱼的生命。虽然我们无法预言金鱼的繁衍，那是偶然的现象；但是，爱心不是偶然的，是从一个人的一举一动中显现出来的。它可以带给人们希望，创造幸福和快乐，还可以创造神话般的奇迹。

生命本来没有意义，只要你给它爱心，它就有了意义。大千世界，茫茫人海，“献爱心”说难其实也不难，境由心生，事在人为。一个人如果能把爱心当作一种力量来运用在自己的人生中，那么无论遇上什么样的困难，什么样的挫折，就都能战胜，对于自己想要完成的事，几乎可以说是无所不能。爱心可以使生活闪光，可以使平凡的事业辉煌。

女孩外表可以不漂亮，但内心一定要善良

善良的行为有一种好处，就是使人的灵魂变得高尚了，并且使它可以做出更美好的行为。

——卢梭

有个大学刚毕业的女孩，因为学的专业比较冷门，一直没有找到合适的工作。她平时待人很好，在街坊邻居中极有人缘。不久，便在亲戚朋友的帮助下，在服装市场旁开了一家饭店。

饭店刚开张时，生意较为冷清，全靠以前的同学和朋友关照。后来，由于女孩忠厚老实，又热情公道，小饭店渐渐开始有了回头客，生意也一天一天好了起

来。几乎每到中午吃饭的时间，小镇上的五六个大小乞丐都会相继光顾这里。客人们常对女孩说："快把他们轰走吧，这些都是好吃懒做的主，别可怜他们！"

可女孩总是笑笑说："算了吧，谁还没个难处，再者你看他们风餐露宿的，也挺可怜的。"人们都说，这女孩太善良了，从未见过小镇上其他店主能够像她那样宽容平和地对待这些肮脏不堪的乞丐。这位女孩则每次都会微笑着给他们的饭盆里盛满热饭热菜，而且多是从厨房里取出来的新鲜饭菜。更让人感动的是，在她的施舍过程中，没有丝毫的做作。

半年之后，这个女孩便被当地的一位家企业家娶回了家，找到了一个极好的归宿。而打动那个企业家的就是，这个女孩有一颗善良的心。

【优秀女孩应该懂的道理】

善良是女孩最宝贵的品德。女孩，外表可以不漂亮，但内心不可以不善良。善良的女孩一般性格温和，乐于助人，由于能够理解体谅别人的痛苦，较少计较自己的得失，反而显得坚强、开朗，容易保持心理平衡。

善良的女孩是最美丽的，因为善良是从内心散发出来的美。这种真诚是来自心灵深处的碰撞。这样的女孩不需要有太漂亮的脸蛋，也不需要太出众的气质和魔鬼身材，即便她在平淡的生活中，也能表现出自己的美丽，让周围的人感受到自己的魅力。因为善良本身就是一种美，这种美是发自内心的，不需要包装，也不需要闪躲。善良可以使人内心充实，所以女孩更需要注重善良，它不仅充实着内心，还使其在朋友面前发光。善良是一种看不见，摸不着的东西。它需要用心来感受，心地善良时自己生出纯真、热情的气质，这种美丽就是善良。

赠人玫瑰，手有余香

人生最美丽的补偿之一，就是人们真诚地帮助别人之后，同时也帮助了自己。

——爱默生

乔伊斯在美国的律师事务所刚开业时，连买一台复印机的钱都没有。移民潮一浪接一浪地涌进美国时，他接了很多移民的案子，经常在半夜的时候被唤到移民局的拘留所领人。他开一辆破旧的车，在小镇间奔波。经过多年的努力，他的事业得到了很大的发展，业务扩大了，处处受到礼遇。

天有不测风云，一念之差，乔伊斯将资产投资股票几乎亏尽——更不巧的是，岁末年初，移民法又再次修改，职业移民名额削减，顿时门庭冷落，几乎快要关门了。

正在此时，乔伊斯收到了一封信，是一家公司的总裁写给他的，信中说：愿意将公司30%的股权转让给他，并聘他为公司和其他两家分公司的终身法人代理。看完信后，他又惊又喜，不敢相信这是真的。乔伊斯带着疑惑找上门去。

总裁是个40岁开外的波兰裔中年人，见到他后，笑着问道：“还记得我吗？”

乔伊斯摇摇头，总裁微微一笑，从办公桌的大抽屉里拿出一张很皱的5美元汇票，上面夹的名片印着乔伊斯律师的电话、地址。对于这件事，他实在想不起来了。

总裁看了看他，缓缓地说道：“10年前，在移民局，我在排队办理工卡，当时人很多，我们在那里拥挤和争吵。当轮到我的时候，移民局已经快关门了。当时，我不知道申请工卡的费用涨了五美元，移民局不收个人支票，我身上没带钱，如果我再拿不到工卡，雇主就不会雇我了。就在这个紧急关头，你从身后递了五美元上来，我要你把地址留下，以后好还钱给你，你就给了我这张名片。”

乔伊斯也慢慢想起了这件事，但是仍将信将疑地问：“后来呢？”

总裁继续道：“后来我就在这家公司工作，很快我就发明了两项专利。我到公司上班后的第一天就想把这张汇票寄出，但是，我却一直没这么做。我一个人来到美国闯天下，经历了许多冷遇和磨难。这五美元改变了我对人生的态度，所以，这张汇票是不能这么随随便便就寄出去的……”

乔伊斯做梦也没有想到，多年前的小小善举竟然获得了这样的回报，仅仅五美元就把两个人的命运改变了。

【优秀女孩应该懂的道理】

人们常说：“善有善报。”生活向来如此，当我们看到需要帮助的人时帮助他们一下，那在我们自己遭遇困难时，通常也能够得到别人善意的帮忙。你怎样对待别人，别人就会怎样对待你。这是人际交往中必须遵循的一条基本规律。

相互关爱的兄弟俩

一个人有再大的权力、再多的财富、再高的智慧，如果没有学会去关怀别人、去爱别人，那他的生命还有多少意义呢！

——温世仁

从前，有一对农夫兄弟以种地为生。他们共同耕种一块土地，粮食丰收后各自分取一半儿。当时，做哥哥的已经结婚，并有了孩子，可弟弟还没有成家。一天晚上，弟弟在想：哥哥结婚有了孩子，家庭负担重，他应该多接济哥哥一些粮食。于是，他起身把自己的一些粮食挪到他哥哥的仓库里。在同一个晚上哥哥却在想：我已经有家，现在有媳妇关心我，将来有孩子照顾我，而弟弟还是单身，他应该为今后多存一些粮食。为此，哥哥起床把许多粮食挪到了弟弟的仓库里。在第二天早上他们发现，自己的粮食都没有减少。于是到了第二天晚上他们也同样这样做了；第三天晚上也是一样；就在第四天晚上他们却碰了面，这时他们才发现，他们彼此在对方的心中是多么的重要，关爱之情是多么的深沉。

【优秀女孩应该懂的道理】

关爱就好像一种回音，你送出什么它就回送什么，你播种什么就收获什么，你给予什么就得到什么，你关爱谁谁就关爱你。

关爱他人是美好的品德。学会关爱，去关爱别人，会使我们的生活更加美好，使我们的生活充满快乐，也会让人与人的关系更加密切，使我们的友谊更加深厚。

人人需要关爱，你我都不例外。女孩们，如果你能处处表现出关爱别人的精神，乐于助人，那么就能使自己犹如磁石一般，吸引众多的朋友。

帮助别人，就是帮助自己

只要还有能力帮助别人，就没有权利袖手旁观。

——罗曼·罗兰

一天傍晚，约翰驾车回家。在一个中西部的小社区里，要找一份工作是很难的事，但约翰一直没有放弃。约翰的朋友们大多已经远走他乡，他们要养家糊口，要实现自己的梦想。然而，约翰留下来了。这儿毕竟是他父母埋葬的地方，他生于此，长于此，熟悉这儿的一草一木。

天开始黑下来，还飘起了小雪，约翰得抓紧赶路。因此，约翰差点儿错过那个在路边搁浅的老太太。他看得出老太太需要帮助。于是，他将车开到老太太的奔驰车前，停了下来。虽然他面带微笑，但她还是有些担心。因为一个多小时了，也没有人停下来帮她。他主动停车，会不会是要伤害她呢？他看上去穷困潦倒，饥肠辘辘，不那么让人放心。

约翰看出老太太有些害怕，站在寒风中一动不动。“我是来帮助你的，老妈妈。你为什么不到车里暖和暖和呢？顺便告诉你，我叫约翰。”约翰说。老太太告诉他她遇到的麻烦不过是车胎瘪了，约翰爬到车下面，找了个地方安上千斤顶，又爬下去一两次。结果，他弄得浑身脏兮兮的，还伤了手。当他拧紧最后一个螺母时，她摇下车窗，开始和他聊天。她说，她从圣路易斯来，只是路过这儿，而且对约翰的帮助感激不尽。约翰只是笑了笑，帮她关上后备厢。

她问该付他多少钱，出多少钱她都愿意。约翰说，如果她真想答谢他，就请她下次遇到需要帮助的人时，也给予帮助，并且“想起我”。他看着老太太发动汽车上路了。天气寒冷且令人抑郁，但他在回家的路上却很高兴。

沿着这条路行了几公里，老太太看到一家小咖啡馆。她想进去吃点儿东西，驱驱寒气，再继续赶路回家。侍者走过来，递给她一条干净的毛巾让她擦干湿漉漉的头发。她面带甜甜的微笑，是那种虽然站了一天却也抹不去的微笑。老太太注意到女侍者已有近8个月的身孕，但她的服务态度没有因为过度的劳累和疼痛而有所改变。

老太太吃完饭，拿出100美元付账，女侍者拿着这100美元去找零钱。而老太太却悄悄出了门。当女侍者拿着零钱回来时，正奇怪老太太去哪儿了，这时她注意到餐巾上有字，是老太太写的，女侍者眼含热泪读道："你不欠我什么，我曾经跟你一样。有人曾经帮助我，就像我现在帮助你一样。如果你真想回报我，就请不要让爱之链在你这儿中断。"

晚上，下班回到家，躺在床上，女侍者心里还在想着老太太，老太太怎么知道她和丈夫那么需要这笔钱呢？孩子下个月就要出生了，生活会很艰难。她知道她的丈夫是多么焦急。当他躺到她旁边时，她给了他一个温柔的吻，轻声说："一切都会好的。我爱你，约翰。"

【优秀女孩应该懂的道理】

正所谓"行下春风，必有秋雨"，许多人活一辈子都不会想到，自己在帮助别人时，其真正是帮助了自己。在日常生活中，许多偶然的事情，将会决定我们未来的命运，而生活却从来不会说什么，但却会用时间诠释这样一条真理：帮助别人，就是帮助自己。

习惯训练营：培养与人为善的方法和技巧

1．尊重别人，关心别人

尊重别人，关心别人，这是与人为善的基石。我们坚持尊重和关心别人，我们在别人生活中的重要性也就大，别人会因此而感谢我们，从而催发和滋养友谊的幼芽。对别人的关心，可以是必要的物质支持，也可以是宝贵的精神安慰和鼓舞。

2．以诚待人

真诚待人是与人为善的重要前提。待人真诚才能让他人将心比心，以诚相待。离开真诚的友善是伪善，缺少友善的真诚是直白，而直白常常容易导致伤害。与人为善必须真诚待人，真诚待人就要与人为善。

3．换位思考

换位思考是处理人际关系的原则，实质是关心人、尊重人、理解人。如果我们能时时处处站在别人的角度思考问题，体验他人的情感世界，我们就能与他人融洽、友善相处。

4．宽容大度

宽容大度是与人为善的道德操守。是小肚鸡肠、斤斤计较、睚眦必报，还是宽容大度、静观其变，甚至以德报怨，是检验一个人能否真正做到与人为善的标准。遇事先为他人着想，做到襟怀宽阔，豁达大度，有容人之过，谅人之失的气量，主动化消极为积极，转冲突为和睦，才是与人为善的大器。

5．乐于助人

与人为善，更应乐于助人。当他人感到苦恼时，我们应主动问候，给予其温暖；他人遭遇挫折时，我们应举一臂之力，拉他一把，帮他走出困境……这些都是对“与人为善”的诠释。为人处世，常待他人以善，会让生活处处洒满阳光。

下篇

优秀女孩必备的9种能力

能力是一个人一生最大的一笔财富，不仅能为一个人的社会竞争力奠定基础，也会造就一个人寻求幸福的能力。一位哲人曾经说过：一个不能靠自己的能力改变命运的人，是不幸的，也是可怜的，因为这些人没有把命运掌握在自己手中，反而成为命运的奴隶。能力即是资本，即是财富，即是无价之宝。

女孩正处在由幼稚走向成熟的人生过渡期，是人生中承前启后的转折点，是为未来搏击人生做充分的物质和精神准备的关键时期。在这个时期，如果能够培养出超凡的能力以及全面的素质，就等于拿到了打开成功之门的钥匙。

情绪管理能力——控制好情绪，成就美好未来

露西的两个玻璃球

生气的时候，开口前先数到10，假设非常愤怒，先数到100。

——杰弗逊

露西是一个脾气异常暴躁、情绪波动极大的女孩，经常因为小事和别人吵架。她的人际关系因此而愈来愈紧张，结果男友也难以忍受她的坏脾气，和他分手了。终于有一天，她觉得自己已经处于崩溃边缘。

她打电话向她的一个朋友约翰求救。约翰向她保证："露西，我知道现在对你来说是有点糟，可是只要你经过适当的指引，一切就会好转。"

"你现在的第一件事是让自己安静下来，好好地享受一下安静的生活。"

听了约翰的话，露西开始先前忙碌的生活，好好地放松一下自己，给自己放了一个长假。当她已经稳定了之后，约翰又建议道："在你发脾气之前，不妨想想，究竟是哪一点触动了你？"

"自己可以拥有两种思考，一种是让每一件事情都在脑海里剧烈地翻搅，另一种则是顺其自然，让思想自己去决定。"说着，约翰拿出了两个透明的刻度

瓶，然后分别装了一半刻度的清水，随后又拿出了两个塑料袋。露西打开来，发现分别是白色和蓝色的玻璃球。约翰说："当你生气的时候，就把一颗蓝色的玻璃球放到左边的刻度瓶里；当你克制住自己的时候，就把一颗白色的玻璃球放到右边的刻度瓶里。最关键的是，现在，你该学会独立控制自己的情绪，如果你不试着控制自己的情绪，你会继续把你的生活搞得一团糟。"

此后的一段时间内，露西一直按照着约翰的建议去做。后来，在约翰的一次造访中，两个人把瓶中的玻璃球都捞了出来。他们同时发现，那个放蓝色玻璃球的水变成蓝色了。原来，这些蓝色玻璃球是约翰把水性蓝色涂料染到白色玻璃球上做成的，这些玻璃球放到水中后，蓝色染料溶解到水中，水就呈现了蓝色。约翰借机对露西说："你看，原来的清水投入'坏脾气'后，也被污染了。你的言语举止，是会感染别人的；就像玻璃球一样，当心情不好的时候，要控制自己。否则，坏脾气一旦投射到别人身上的时候，就会对别人造成伤害，再也不能回复到以前。一定要控制好自己的言行。"

露西后来发现，当按照他的建议去做时，人真的不会那么混沌了，事情也容易理出头绪。在此之前，她的心里早已容不下任何新的想法和三思而后行的念头，已经形成了一种忧虑的习性，这些让她恐惧慌乱而情绪化。当约翰再次造访的时候，两人又惊又喜地发现，那个放白色玻璃球的刻度瓶竟然溢出水来——看来露西对自己的克制成效不小。慢慢地，露西已经学会把自己当成一个思想的旁观者，来看清自己的意念。一旦有了不好的想法就会很快发现，想法失控的时候及时制止。这样持续了一年，她逐渐能够信任自己并且静观其变。生活也步入常轨，并重新得到了一个优秀男士的爱，美好在她的生活中渐渐展现。

【优秀女孩应该懂的道理】

能否控制自己的情绪是一个人心理素质的体现。一个能够很好地控制自己情绪的人，总是安详而快乐的。

情绪影响着人的理智和行为。生活中，我们无一例外都会有自己的脾气，特别是女孩子。她们比较脆弱，娇气，意志力差，承受挫折能力不强，更容易发脾气。这不仅会影响与他人的关系，还会危害自身的健康。所以每当我们发脾气或存在愤怒的情绪时，我们应该分析所有使我们愤怒的原因，然后避免使自己暴露于那些痛苦之下，采取一些积极有效的措施来控制自己的情绪。

克制自己的脾气

能控制好自己情绪的人，比能拿下一座城池的将军更伟大。

——拿破仑

路易斯是一家牙刷制造公司的小职员，经常加班加点，很晚才回家休息，但第二天早上还要早起，赶到公司去上早班。

一天早上起床后，路易斯匆忙洗脸、刷牙，不小心把牙龈刷出血来。他不由得火冒三丈，因为他的牙龈不止一次被刷出血，而且用的是自己公司生产的牙刷！

路易斯怀着一肚子不满和牢骚冲出家门，怒气冲冲地向公司走去，他准备直接奔向技术部门，质问他们平时都在干些什么，使这样的技术问题一直得不到解决。他越想越气，觉得自己像一只气球似的快要胀破了。

走进公司大门，路易斯的脚步渐渐慢下来，因为他想起了在公司组织的管理科学学习班上学到的一句话："当你遇有不满情绪时，要认识到正有无穷无尽新的天地等待你去开发，这就需要你的忍耐。"他不禁想，发怒能够解决问题吗？既然不能解决问题，那发怒还有什么用呢？

路易斯改变了去技术部门发怒的初衷，开始琢磨解决牙龈出血的方法。他和同事一起，提出了改变刷毛的质地、改造牙刷的造型、重新设计刷毛的排列等各种方案，经过论证后，逐一进行试验。试验中路易斯发现了一个为常人忽略的细节，他在放大镜下看到，牙刷毛的顶端由于机器切割，都呈锐利的直角。"如果通过一道工序，把锐角变成圆角，那么问题就完全解决了！"他的建议立即得到了同事的赞同。经过多次试验后，路易斯和同事们把改进方案正式向公司提出。公司很乐意改进自己的产品，迅速投入资金，把牙刷毛的顶端改成了圆角。

改进后的产品很快受到了广大顾客的欢迎。路易斯也因此从普通职员晋升为部门主管。

【优秀女孩应该懂的道理】

与其浪费时间发脾气，不如利用时间来思考问题。如果我们能像故事中的路易斯一样积极思考，把宣泄情绪的时间用在思索如何解决问题上，就会使自己迅速冷静下来，我们不但不会陷入郁闷之中，还很有可能做出成绩。相反，只会把事情推向更糟糕的境地，问题得不到解决，我们的心情还为此陷入长期的压抑和苦闷之中。

有人说，人最难战胜的是自己。一个人成功的最大障碍不是来自于外界，而是自身。除了力所不能及的事情做不好之外，自身能做的事不做或做不好，那就是自身的问题，是自制力的问题。

在现实生活中，每个人都难免遇到一些让人发怒的事情，如果我们能克制住自己，就不会使情绪泛滥，陷入生气和郁闷之中，事情也会得到妥善解决，而不是使事情变得更糟。也就是说，拥有自制能力的人，更容易获得成功。

冲动是魔鬼

人最重要的价值在于克制自己的本能的冲动。

——塞·约翰逊

史蒂芬是英国中部城镇奥尔德姆的一名警察。一天晚上，他身着便装来到市中心的一间食杂店门前。他准备到店里买包香烟。这时，店门外一个流浪汉向他要烟抽。史蒂芬说他正要去买烟，流浪汉认为史蒂芬买了烟后会给他一支。

当史蒂芬从食杂店买完烟出来后，喝了不少酒的流浪汉再一次缠着他索要香烟。史蒂芬感到很反感，还是不给他，于是两人发生了口角。随着互相谩骂和嘲讽的升级，两人情绪逐渐激动。史蒂芬掏出了警官证和手铐，说："如果你不放老实点，我就给你一些颜色看。"流浪汉反唇相讥："你这个混蛋警察，你有什么了不起的，看你能把我怎么样？"在言语的刺激下，二人扭打成一团。旁边的人赶紧将两人分开，劝他们不要为一支香烟而发那么大火。

被劝开后的流浪汉骂骂咧咧地向附近一条小路走去，他边走边喊："自以为是的臭警察，有本事你来抓我呀！"失去理智、愤怒不已的史蒂芬拔出枪，冲过去朝流浪汉连开四枪，那个流浪汉倒在了血泊中。

法庭以"故意杀人罪"对史蒂芬做出判决，他将服刑30年。

一个人死了，一个人坐了牢，起因是一支香烟，罪魁是冲动的情绪。

【优秀女孩应该懂的道理】

人们常说，“冲动是魔鬼”。日常生活中，许多人都会在情绪冲动时做出令自己后悔不已的事情来。上面的故事，我们要引以为戒。

其实，在与人相处时，难免会遇到矛盾，不可能要每个人都对我们笑脸相迎。有时候，我们也会受到他人的误解，甚至嘲笑或轻蔑。这时，如果我们不能控制自己的情绪，就会造成人际关系的不和谐，对自己的生活都将带来很大的影响。所以，当我们遇到意外的情况时，就要学会控制自己的情绪，轻易发怒只会造成反效果。记住：学会有效管理和调控自己的情绪，是一个人走向成熟、迈向成功的重要基础。

不要在意别人的看法

成功的秘诀就在于懂得怎样控制痛苦与快乐这股力量，而不为这股力量所反制。如果你能做到这点，就能掌握住自己的人生，反之，你的人生就无法掌握。

——安东尼·罗宾斯

有一个画家曾经想画出一幅人见人爱的画。经过数月的辛苦努力，他画好了一幅作品，便拿到街面上去展出。画家在画旁边放了一支笔，并附上一则文字：如果谁认为这幅画哪里有欠佳之处，请赐教，并在画中标出。等到晚上，画家带着画回去的时候，他发现整幅画都被涂满了标记——每个笔墨都被指出不足。画家心中十分不悦，感到失望。

第二天，画家决定换一种方法再去试试。于是他又画了一张同样的画拿到市场上展出。但这次，他请观赏者将其最欣赏的妙笔做上标记。结果是，一切曾被指责的笔墨，如今却都换上了赞美的标记。“原来如此！”画家不无感慨地说道，“我现在发现了一个奥妙，那就是我们不管做什么，都不要去在乎别人怎么评价，只要有一部分人认可就足够了。因为，在有些人看来是丑的东西，在另一些人眼里恰恰是美好的。”

【优秀女孩应该懂的道理】

许多不善于控制自己情感智力的人，面对他人的评论时，总感到无所适从，心灵任其啃噬。其实，这又何必呢？我们活着不一定要去在意别人的目光，不一定非要得到别人的认可。只要我们自己问心无愧，我们的人生可以活得更加轻松，没必要背负着别人的目光，加重自己的压力。

很多女孩会有这样的经历，例如，自己穿了件时装，别人会怎样评价，自己的某个动作，别人会如何看待，甚至不小心说了一句什么话，也会后悔不迭，总担心别人会因此对自己有看法。其实，生活在别人的眼光中是非常累的，无疑会对自己的情绪有负面影响。

实际上，一些小事根本就不值得一提，别人根本没有在意或早已忘却，只有我们还记在心里耿耿于怀，这就是人们无法战胜自己的体现。人们总是努力地想去扮演一个完美主义者的形象，然而这几乎太苛刻了，只会加重我们情绪的负面影响，给自己的心理造成障碍。所以，女孩一定要记住一句话，不要太在意别人的看法，因为只有自己对自己的肯定才是生命的重心。

爱生气的老妇人

凡事只要看得淡些，就没有什么可忧愁的了；只要不因愤怒而夸大局势，就没有什么事情值得生气了。

——屠格涅夫

从前，有一个老妇人，她的脾气很不好，经常为一些鸡毛蒜皮的小事与人大动干戈。虽然她知道尽量控制自己的情绪，但仍无法改变自己爱生气的习惯。万般无奈之下，她便去求一灯法师为自己谈禅说道，开阔心胸。

一灯法师听了她的讲述，一言不发地把她领到一座禅房中，然后将门锁上，自己则在房外坐禅。

老妇人气得捶胸跺足，破口大骂。骂了很长时间，一灯法师也不理会。老妇人又开始哀求，一灯法师仍置若罔闻。老妇人终于沉默了。此时，一灯法师问她：“你还生气吗？”

老妇人说：“我只为我自己生气，我怎么会到这地方来受这份罪。”

“连自己都不原谅的人怎么能心如止水？”一灯法师拂袖而去。

过了一会儿，一灯法师又问她：“还生气吗？”

“不生气了。”老妇人说。

“为什么？”

“气也没有办法呀。”

“你的气并未消逝，还压在心里，爆发后将会更加剧烈。”一灯法师又离开了。

当一灯法师第三次来到门前，老妇人告诉他：“我不生气了，因为不值得气。”

“还知道值不值得，可见心中还有衡量，还是有气根。”一灯法师笑道。

当一灯法师的身影迎着夕阳立在门外时，妇人问：“大师，什么是气？”

一灯法师将手中的茶水倾洒于地。老妇人视之良久，顿悟。叩谢而去。

【优秀女孩应该懂的道理】

很多时候，生气只能说是一种累赘。当一个人生气的时候，他会面红耳赤，大吵大闹，嘴巴张得很大的同时，智慧的大门却关上了，最后还可能失去理智和尊严，留给旁人一个“修养不好，涵养不够”的坏印象。生气也使我们情绪低落，对人对事冥思苦想却于事无补；它让我们夜间难以入眠，使我们卷入无谓的争执；它甚至给我们带来痛苦和疾病。既然生气有这么多危害，我们为什么还要生气！

要生气，会有生不完的气。既然如此，何不更豁达地面对人生，少为一些无关紧要的小事去生气，多找快乐，过好珍贵的每一天。从今天起，让我们努力做一个不生气的女孩。

忍字头上一把刀

凡事当有远谋，有深识。坚忍一时，则保全必多，一时之不忍而终身惨矣。

——胡林翼

爱丽丝是一家电视台的记者，能力十分突出且又十分勤奋，长得也很漂亮。爱丽丝白天采访财经线，晚上七点半播报黄金档新闻。在旁人看来，爱丽丝的事业是一帆风顺，晋升是迟早的事。但是实际上呢，由于爱丽丝为人不够圆滑，因而得罪了新闻部主管——她的顶头上司，所以爱丽丝处处受到上司的压制。

有一次开会，新闻主管突然决定不让爱丽丝播报黄金档新闻，而改播深夜11点的直播新闻。消息一出，所有的人都愣住了。爱丽丝更是大吃一惊，她知道这是主管有意所为，很是愤怒，但是她极力保持镇定，欣然接受，没有做出任何过激的言行。

爱丽丝虽然受到不公正待遇，但是她从不报怨，反而更加努力，每天一下班就跑去进修，然后在10点多时赶回公司，预备夜间新闻的播报工作。因为在深夜播出，所以这一档节目的收视率非常低，但是爱丽丝丝毫没有因为夜间新闻不重要而在思想上有任何松懈，对每一篇新闻稿她都认真对待。

爱丽丝的努力很快有了成果，观众对这个节目好评不断，收视率直线上升。总经理也受到了惊动，亲自过问，他批评了新闻主管，并亲自下令让爱丽丝重新播报黄金档新闻。由于爱丽丝的出色工作，不久，她就被评为“全国最受欢迎的电视记者”。

但是新闻主管仍对爱丽丝耿耿于怀，一直在想办法给爱丽丝难看。一天，新闻主管故意当众宣布说：“虽然爱丽丝是学财经的，但是正是因为如此，让她采访财经新闻容易产生弊端，以后还是让她采访其他新闻吧。”此时，爱丽丝在财经采访上已经小有名气，新闻主管这么做，根本就是在当面侮辱她。爱丽丝真想当面同主管大吵一番，但是她心里清楚，只要她予以回击，就正好中了新闻主管的奸计，正好让她有借口把自己赶走，于是她强忍怒气，默默承受了这一切。

当爱丽丝正在跑其他新闻时，一天总经理打电话给新闻部主管，说："财经部长后天会来公司参加晚宴，请爱丽丝过来作陪。"新闻主管支支吾吾地说："爱丽丝现在不跑财经线了，还是换别人吧。"总经理也没和新闻主管多解释，直接说："爱丽丝是专家，必须来参加。"新闻主管只好照办。从此，每当有重要的财经界人士来公司，都由爱丽丝作陪，并顺便专访。

由于爱丽丝经常采访大人物，所以时间一长，观众都认为爱丽丝是大牌记者，只采访重要人物。并且每一个曾被爱丽丝采访过的人，都以此为荣。而没有被爱丽丝采访的人，就心生不满，向总经理报怨，为什么不是由爱丽丝采访他们。于是总经理下令："以后财经一律由爱丽丝跑，其他人都不要碰。"很快，爱丽丝风光无限地被"请"回了财经记者的位子。两年的时间很快过去了，新闻主管被调职，爱丽丝当之无愧地成为新的新闻主管。

【优秀女孩应该懂的道理】

忍字头上一把刀，能忍人所不能忍，才能成人所不能成。爱丽丝为这句话做了最好的诠释。

忍是人生的大智慧。忍能保身，忍能成事，忍是大智、大勇，忍是成大事的前提。懂得忍耐有利于成就事业，意气用事只会错失良机。面对别人的侮辱和伤害，我们没必要急急忙忙以一种对抗的方式来证明自己并非软弱可欺，因为路遥知马力，日久见真功，有效地忍耐，会使我们获得更多的收益。

人的一生当中会遇到很多问题，如果我们能忍第一个问题，我们便学会了控制我们的情绪和心志，以后碰到大的问题，自然也能忍，也自然能忍到最好的时机再把问题解决，这样才能成就大事业！

能力训练营：培养情绪管理能力的方法和技巧

1．正确看待生活

生活中有快乐也有烦恼，有顺心也有不顺心。没有事事如愿的事，也没有天天苦恼的事。要乐观地生活，辩证地看问题，不必逃避现实，也不必太在意结果。

2．适当发泄情绪

人在精神压抑的时候，如果不寻找发泄机会宣泄情绪，会导致身心受到损害。在愤怒的时候，适当地宣泄是必要的，例如：在盛怒时，不妨赶快跑到其他地方，或找个体力活来干，或者干脆跑一圈，这样就能把因盛怒激发出来的能量释放出来。

3．有效控制情绪

在遇到较强的情绪刺激时，我们应强迫自己冷静下来，迅速分析一下事情的前因后果，再采取表达情绪或消除冲动的“缓兵之计”，尽量使自己不陷入冲动鲁莽、简单轻率的被动局面。比如，当我们被别人无聊地讽刺、嘲笑时，如果我们顿显暴怒，反唇相讥，则很可能引起双方争执不下，怒火越烧越旺，自然于事无补。但如果此时我们能提醒自己冷静一下，采取理智的对策，如用沉默为武器以示抗议，或只用寥寥数语正面表达自己受到的伤害，指责对方无聊，对方反而会感到尴尬。

4．请可信赖的人帮助我们

让他们每当看见我们动怒的时候，便提醒我们。我们接到信号之后，可以想想看我们在干什么，然后努力推迟动怒。

动手实践能力——纸上得来终觉浅，绝知此事要躬行

理论要与实践相结合

专读书也有弊病，所以必须和现实社会接触，使所读的书活起来。

——鲁迅

在我国春秋战国时代，有一位擅长做车轮的能工巧匠，他的名字叫轮扁。

一天，齐桓公在殿堂上读书，轮扁在堂下砍削车轮。齐桓公读书读到妙处，不禁摇头晃脑、口中念念有词，很是得意。轮扁见桓公这样爱书，心里觉得纳闷。他放下手中的锤子、凿子，走到堂上问齐桓公说："请问，大王您所看的书，上面写的都是些什么呀？"齐桓公回答说："书上写的是圣人讲的道理。"轮扁说："请问大王，这些圣人还活着吗？"齐桓公说："他们都死了。"于是轮扁说："那么，大王您所读的书，不过是古人留下的糟粕罢了。"

齐桓公很是扫兴。他对轮扁说："我在这里读书，你一个做车轮的工匠，凭什么瞎议论呢？你说圣人书上留下的是糟粕，如果你能谈出个道理来，我还可以饶了你，如果你说不出道理来，我非杀了你不可！"

轮扁不紧不慢地回答齐桓公说："我是从自己的职业和经验体会来看待这件事的。就说我砍削车轮这件事吧，速度慢了，车轮就削得光滑但不坚固；动作快了，车轮就削得粗糙而不合规格。只有不快不慢，才能得心应手，制作出质量最好的车轮。由此看来，削车轮也有它的规律。可是，我只能从心里去体会而得

到，却难以用言语很清楚明白地讲授给我儿子听，因此我儿子便不能从我这里学到砍削车轮的真正技巧，所以我已经70岁了，还得凭自己心里的感觉去动手砍削车轮。由此可见，古代圣人心中许多只可意会、不可言传的知识精华已经随着他们死去了，那么大王您今天所能读到的，当然只能是一些古人留下的肤浅粗略的东西了。”

【优秀女孩应该懂的道理】

这则寓言告诉我们一个道理：学以致用。学习的目的就在于应用，在于指导人们的生活，学习而不与实际相联系，是没有用的。所以，只有将知识与实践结合起来，才会取得良好的效果。将知识转化为生产力，就要养成良好的学以致用的习惯，从而所学有所用，所学为我们所用。

现代社会是一个呼唤实践能力的社会。知识只有在运用中才会发挥它的巨大作用。女孩一定要知道这个道理。书本上的知识与现实生活总是存在一定的距离，要想学得一身真本领，唯一的途径就是与实际相联系地学习。

勤劳的希尔顿

理论脱离实践是最大的不幸。

——达·芬奇

希尔顿是美国希尔顿饭店的创始人，他很小的时候，父亲就注重培养他劳动实践的能力。

有一天，天刚亮，父亲就把希尔顿叫起来，把一个大约两米长的草耙交给他，并用愉快的声调说：“你可以到畜栏里工作了。”小希尔顿接过这个比他的个头高两倍的草耙，开始了他人生中的第一次劳动。就这样，希尔顿少年时代便在父亲的带动下，边读书边干活，养成了勤勉和善于经营的本领。

希尔顿上学后，父亲专门开辟了一块地给他，让他自食其力，学会耕种赚钱。他在地里种上青菜，每天放学后就跑去松土、浇灌和施肥。等青菜收获了，他便拿到市场上去卖。这时，她的第一个顾客往往是他母亲。当他接过母亲手中的钱时，他总是深深地感受到收获的喜欢和成功的快乐；同时也对自己的劳动成果倍加珍惜。

学校放假时，小希尔顿就跑到父亲的商店里去打工，跟父亲学做生意。父亲教他如何处理各种各样的业务，如何衡量信用、如何与顾客讨价还价、如何揣摩顾客的心理需求、如何进货退货以及如何在紧要场合保持心平气和。有一次，父亲让他帮助进货。他一个人跑到离家几百里的地方，一去就是十几天。在这样的磨炼中，他得到了许多经验，胆子也越练越大，迅速地成为一个出色的小生意人。这些必要的训练和宝贵的经验，促成了他日后的成功。

【优秀女孩应该懂的道理】

从小养成劳动习惯，对我们的成长是极有好处的。一个人有无劳动的兴趣和习惯，将影响自己的一生。大量事实表明，不论知识水平、家庭背景、经济收入如何，种族肤色如何，凡是从小做家务、热爱劳动的人到了中年以后往往特别能干，工作成就大，生活也很美满。凡是从小就好吃懒做、不爱劳动的人，长大了多不能吃苦，独立自谋能力差，工作成就平平。

对女孩来说，劳动可以让我们体会到父母的辛苦，同时也会让我们学会独立，体验劳动的艰辛和快乐，这是一种人生生活的更真实的体验。只有从小养成热爱劳动的习惯，锻炼自主能力，我们将来才能成为一个对社会有贡献的人。

动手能力成就了一位科学家

理论在变为实践，理论由实践赋予活力，由实践来修正，由实践来检验。

——列宁

杰出科学家卢瑟福的人生成就与他从小受到动手能力的训练是分不开的。

卢瑟福的父亲是一个聪明又肯动脑子的人，特别喜欢搞点“小发明”。在开办亚麻厂时，他用几种不同的方法浸渍亚麻，制造水车，他还设计过其他一些装置以提高生产效率。

卢瑟福从小对父亲的发明创造很感兴趣，经常提出建议和帮忙。在父亲的指导下，卢瑟福也喜欢动手，他对周围的一切都感兴趣，年龄越大越表现出非同寻常的创造天赋。

童年时代的卢瑟福曾发明了一种可以发射“远射程炮弹”的玩具炮，还巧妙地设计出增加射程的方法。稍大一些，他修好了家里一个搁置了好多年的坏钟，这让全家人大吃一惊。不过，父亲却非常高兴。为了满足自己照相的欲望，卢瑟福用自制的材料和买来的透镜，制造出一部照相机。

卢瑟福这种自己动手制作和修理的本领，对他后来的科学生涯起到了极大的促进作用。别人无法做的实验，他总可以设法在自制的仪器上进行。

【优秀女孩应该懂的道理】

活动是认识的基础，智慧从动手开始。动手操作是我们获得知识、发展能力的重要依据。卢瑟福正是由于从小就有良好的动手实践能力，为以后的事业的发展奠定了基础。所以，我们不能只是一味地学习，还要有实践。学习的最终目的是为了更好地把知识转化为实践。在实践中，我们可以不断动手、动脑、动嘴，在培养和锻炼自身能力的同时，可以有效发现自身存在的不足并及时改进提高，以适应社会的需要。

现在社会越来越强调实践能力的重要性，如果我们缺乏实践能力和动手能力的话，那么必定会被社会淘汰。只有手脑联合才能产生智慧。因此，我们要把所学的知识运用到实践中去，加强动手实践的能力，真正使知识转化为能力。

被退学的大学生

一个人怎样才能认识自己呢？绝不是通过思考，而是通过实践。

——歌德

有一个男孩的学习成绩一直非常好，从小学到高中，他总是名列前茅。每次考完试，他都会问老师：“这次考试谁是第二？”因为他坚信，第一名肯定是属于他的。如此出众的他，深受老师和父母的称赞。

孩子学习如此出色，父母为了让他无“后顾之忧”，集中全部精力学习，可谓是操尽了心，除学习之外的所有事情，父母统统代劳了：吃饭时，他饭来张口；衣服脏了，脱下来就没有他的事了；文具用没了，也是父母为他去买……直到十七八岁，别的孩子早就会的洗衣、做饭这些最基本的生活技能，他一样都不具备。

后来，他参加高考，以全县第一、全省第二的优异成绩，考取了北京某名牌大学。这一喜讯，给家里带来了前所未有的欢乐，亲朋好友们交口称赞他的聪明好学，并且羡慕不已。9月，他无比兴奋地来到了北京，然而就在大学开学不久，他就陷入了困境。他不会买饭，不会洗衣，常常找不到上课的教室，甚至不知该如何与同学相处。虽然好心的同学们在不断地帮助他，可还是解决不了他的问题。无奈之下，他只好提出了休学。学校根据他入学后的表现也同意了他的请求。

第二年七月，学校及时地给他寄去了复学通知。但是，收到通知的他，竟然产生了巨大的恐惧感：他害怕再次离开父母，他担心自己依然不能适应学校的生活，他害怕别的同学拿他当作笑谈……越想越怕，就在当天夜里，他从楼房六层的自家阳台一跃而下，结束了自己年轻的生命。

【优秀女孩应该懂的道理】

一个人的动手能力与生活技能是父母无法给予也是无法用金钱买到的，只能通过我们自己实践经验的增长来获得。每个人都是成长中的独立个体，处于不断学习、认识和适应环境的过程中，只有不断地通过一系列实践活动，才能逐渐学会各种本领，形成自我意识和对环境的适应能力的。如果我们不能很好地独立和实践，事事都由家长代替包办，就会逐渐丧失自立能力，还会形成对父母的依赖。所以，女孩一定要勇于实践，学会自理，培养良好的生活技能。

爱上做饭的总统

一定是实践和实际的人生经验教给了他这么些高深的理论。

——莎士比亚

美国第34任总统艾森豪威尔，很小的时候就学会了做家务。在学习之余，艾森豪威尔不仅要砍柴、做饭、打扫卫生，还要在自家的空地里学种蔬菜，参加家庭劳动。

有一年，艾森豪威尔的弟弟染上了猩红热，家里顿时紧张起来，猩红热是一种传染病，病人必须和家里人隔离开。于是，父亲便和几个孩子挤着住在楼下，由母亲来照看弟弟。由于父亲要每天工作，两个哥哥又在外地打工，其他的几个孩子年龄尚小，所以母亲就把烧水做饭的事情交代给艾森豪威尔去做。小艾森豪威尔此前根本不会做饭，但是在这种情况下，他也只有下定决心把饭做好。

刚开始，母亲手把手地教他生火、切菜、做饭的一整套程序，每天把要做的饭菜都准备好，小艾森豪威尔便开始一个人在厨房里忙活起来。凡事都是被逼出来的。他虽然从来没有做过饭，但对做饭来说还是感到很新鲜有趣，所以就做得很认真仔细。刚开始的时候厨艺不精，做出来的饭菜常常让家里人难以下咽。但母亲每次都吃得很起劲，还鼓励他说，做得很好吃，让他继续努力。经过一段时间的磨练，艾森豪威尔的厨艺有了很大的提高，还练就了几个拿手好菜，看到家里人每天吃饭狼吞虎咽的样子，他高兴极了。

从此以后，艾森豪威尔便承担起了家里做饭的任务。上中学的时候，有一次，学校组织出去郊游，由他来负责给大家烧饭。凭着母亲教给自己的手艺，他做了一顿丰富的野餐，令同学们赞不绝口。这也使他深深地体会到，只有依靠艰苦的劳动，才能改变和创造生活，赢得他人的赞赏。

直到晚年，艾森豪威尔还常常津津乐道地向别人讲述自己少年时期做饭的经历。

【优秀女孩应该懂的道理】

作为家庭一分子，担负自己分内的家务活，是理所应当的义务和责任。我们总要离开父母，走向社会，独立生活。学会做家务，无论是以后去读大学、工作了去外地出差，还是自己有了家庭，有了孩子，我们都可以担负起照顾自己和家人的责任。同时，做家务也是感恩父母的行动。做一些力所能及的家务活，可以减轻父母的负担。亲身体验到家务劳动的繁杂，才会体会到父母终日辛苦操劳的不易。如果父母亲和我们一起做家务，更让我们感觉到家庭的温暖。

能力训练营：培养实践能力的方法和技巧

1．参加社会实践

社会实践是我们提升自我认知能力的有效途径，也是了解社会信息的有效途径。通过参加丰富多彩的社会实践活动，对自身进行客观评价，同时也对社会有了一定的了解，这对将来的学习和生活十分重要。

2．加强人际交往

现代社会是一个开放的信息化的社会。开放的社会需要增强开放心理，提升人际交往沟通能力。与人交往沟通不仅仅需要真诚、勇敢，需要尊重他人、相信他人，还有许多的技巧与方法，尤其需要在交往的社会实践活动中体会并总结经验。

3．提升团结协作能力

社会实践是提升团队协作能力的必然途径。经验表明，一个人要取得大的成就一般离不开别人的帮助。要做到这一点，我们就得善于与人合作，会与别人交谈，这样做就为发挥自己的组织协调能力奠定了基础。

4．提升终身学习能力

现在是终身学习的时代，终身学习的能力，要在社会实践中巩固提高。我们要在社会实践中不断地虚心学习，提高自己的动手能力；要学会学习，现代的文盲是那些不会主动寻求新知识的人。我们要坚信：终身学习的能力是促使个人不断进取、社会不断进步的驱动力。

5．克服挫折

社会实践是一个认识和适应社会的过程，社会实践过程中会遇到一些困难，甚至经过几次挫折才获得成功是正常的情况。遇到挫折时，我们要用冷静的态度，客观地分析自己失败的原因，进行正确的受挫归因。挫折虽然能够给人带来心情的不愉快，但同时也可以锻炼人的意志。

抗挫折能力——在挫折中坚强，在磨难中奋进

生命中的金牌

卓越的人一大优点是：在不利与艰难的遭遇里百折不挠。

——贝多芬

金蒙特为参加奥运会预选赛做准备，大家都认为她一定能成功。她当时的生活目标就是获得奥运会金牌，然而，1955年1月，一场悲剧使她的愿望成为泡影。

在奥运会预选赛最后一轮比赛中，金蒙特沿着大雪覆盖的罗斯特利山坡开始下滑，没料到，这天的雪道特别滑，刚过几秒钟，便发生了一场意想不到的事故。

她先是身子一歪，而后就失去了控制，像匹脱缰的野马，直往下冲。她竭力挣扎着想摆正姿势，可无济于事，一个个的筋斗把她无情地推下山坡。在场的人都睁大眼睛紧张地注视着这一幕，心几乎都提到了嗓子眼。

当她停下来时已昏迷了过去。人们立即把她送往医院抢救，虽然最终保住了性命，但她双肩以下的身体却永久性瘫痪了。

金蒙特认识到活着只有两种选择：要么奋发向上，要么灰心丧气。她下决心奋发向上，因为她对自己的能力仍然坚信不疑。她千方百计使自己从失望的痛苦

中摆脱出来，去从事一项有益于公众的事业，以建立自己新的生活。

几年来，她整日和医院、手术室、理疗、轮椅打交道，病情时好时坏，但她从未放弃过对有意义的生活的不懈追求。历尽艰难，金蒙特学会了写字、打字、操纵轮椅、用特制汤匙进食。

她在加州大学洛杉矶分校选听了几门课程，决心今后当一名教师。想当教师，这可真有点不可思议，因为她既不会走路，又没受过师范训练。她向教育学院提出申请，但系主任、学校顾问和保健医生都认为她不适宜当教师。录用教师的标准之一是要能上下楼梯走到教室，可她做不到。

此时，金蒙特的信念就是要成为一名教师，任何困难都不能动摇她的决心。

1963年，她终于被华盛顿大学教育学院聘用。由于教学有方，很快得到了学生们的尊敬和爱戴。她教那些对学习不感兴趣、上课心不在焉的学生也很有办法。她向青年教师传授经验说："这些学生也有感兴趣的东西，只不过和大多数人不一样罢了。"

金蒙特终于获得了教授阅读课的聘任书。她酷爱自己的工作，学生们也喜欢她，师生间互相帮助、互相进步。

后来，她父亲去世了，全家不得不搬到曾拒绝她当教师的加利福尼亚州去。

她向洛杉矶学校官员提出申请，可他们听说她是个"瘸子"就一口回绝了。金蒙特是一个下了决心就不会轻易放弃努力的人。她打算向洛杉矶地区的90个教学区逐一申请。在申请到第18所学校时，已有3所学校表示愿意聘用她。学校对她要走的一些坡道进行了改造，以适于她的轮椅通行，这样，从家里坐轮椅到学校教书就不成问题了。另外，学校还破除了教师一定要站着授课的规定。

从此以后，金蒙特一直从事教师职业。暑假里她访问了印第安人的居民区，给那里的孩子补课。

从1955年到现在，很多年过去了，金蒙特从未得过奥运金牌，但她的确得了一块金牌，那是为了表彰她的教学成绩而授予的。

【优秀女孩应该懂的道理】

没有人一生都是一帆风顺的，任何一个人随时都会遇到逆境。当风起云涌时，我们需要直面它，生命的羽翼会在一次次与困难、挫折的抗争中丰满起来。不经历风雨，怎么见彩虹，只有饱尝风雨中的痛，才能享受雨过天晴的喜悦。正是由于这曲折的人生风景线，才使得生命更充实，更有意义；正是这种逆境中的"抗争"创造了无数的成功和奇迹。

你是胡萝卜，是鸡蛋，还是咖啡豆

人在身处逆境时，适应环境的能力实在惊人。人可以忍受不幸，也可以战胜不幸，因为人有着惊人的潜力，只要立志发挥它，就一定能渡过难关。

——戴尔·卡耐基

一个女儿常常对父亲抱怨她的生活，抱怨命运的不公平，抱怨生活的不如意。她不知该如何应付目前的一切状况，想要自暴自弃了。她已厌倦了对命运的抗争和奋斗，在她的生活里，好像一个问题刚解决，新的问题就又出现了。

看着自暴自弃的女儿，父亲非常担心。有一天，父亲把女儿带进了厨房。他先往三口锅里倒入一些水，然后把它们放在旺火上烧。不久锅里的水烧开了。他往一口锅里放些胡萝卜，第二口锅里放只鸡蛋，最后一口锅里放入碾成粉末状的咖啡豆。他将它们侵入开水中煮，一句话也没有说。

女儿不耐烦地看着父亲的这一系列举动，不知道父亲在做什么。大约20分钟后，父亲把火闭了，把胡萝卜捞出来放入一个碗内，把鸡蛋捞出来放入另一个碗内，然后又把咖啡舀到一个杯子里。做完这些后，父亲这才转过身问女儿，“亲爱的，你看见什么了？”“胡萝卜、鸡蛋、咖啡”，她回答。

父亲让女儿伸出手摸摸胡萝卜。她摸了摸，注意到它们变软了。父亲又让女儿拿一个鸡蛋并打破它。将壳剥掉后，她看到了是只煮熟的鸡蛋。最后，父亲又让她喝了咖啡。品尝到香浓的咖啡，女儿笑了。她怯生问道：“父亲，这意味着什么？”

父亲解释说，这三样东西面临同样的逆境——煮沸的开水，但其反应各不相同。胡萝卜入锅之前是强壮的，结实的，毫不示弱。但进入开水之后，它变软了，变弱了。鸡蛋原来是易碎的，它薄薄的外壳保护着它呈液体的内脏。但是经开水一煮，它的内脏变硬了。而粉状咖啡豆则很独特，进入沸水之后，它们反而改变了水。“哪个是你呢？”他问女儿。“当逆境找上门来时，你该如何反应？你是胡萝卜，是鸡蛋，还是咖啡豆？”听了父亲的话，女儿若有所思。

在厨房里用开水煮食物是如此，人生的境界也是如此。同样面临逆境，有的人跨了过去，功成名就；有的人乃至有些高智商人才，却陷了进去，被淘汰出局。究其原因，就在于他们是否拥有应对逆境、解决现实难题的能力。

【优秀女孩应该懂的道理】

人生旅途中不可能一帆风顺，常会遇到许多意想不到的困难和挫折，艰难险阻是人生对我们另一种形式的馈赠，困难挫折也是对我们意志的磨炼和考验。面对人生劫难，我们要勇敢地去面对，从挫折中汲取教训，是迈向成功的踏脚石。

逆境并非绝境，人生虽非尽是坦途在前，但也绝不可因一点小障碍而放弃走路，要知道障碍过后，对于经历坎坷的脚来说，路会一点点变得平坦起来。只有具备面对困难百折不回、遇到挫折坚持不懈精神的人，才有可能登上成功的巅峰。

苦难是人生的一大财富

只有经过地狱般的磨炼，才能炼出创造天堂的力量。只有流过血的手指，才能弹奏出世间的绝唱。

——泰戈尔

席勒是美国著名的潜能开发大师，他所使用的激励方法内容丰富，深得学员们的爱戴，所以，他的名声远扬，时常应邀到世界各国去演讲。

席勒最欣赏的话就是：“任何一个苦难和问题的背后，都有一个更大的祝福！”他不但时常用这句话来鼓励学员积极思考，并且还将这一思想灌输给小女儿，因此他还在念小学的女儿对父亲的这句名言，也能够读得朗朗上口。

他的女儿是一个十分活跃和热爱运动的女孩。有一次，席勒应邀去韩国演讲，演讲过程中，他收到一封来自美国的紧急电报。电报上说：他的女儿发生意外，已经送医院进行紧急手术，也许会截掉小腿！得到消息后，他匆匆结束了演讲，迅速赶回美国。

回到美国，他看着已经截掉小腿的女儿痛苦地躺在病床上。

他发觉自己原本优秀的口才，此刻显得异常笨拙，他不知应该用怎样的方法来安慰这个热爱运动和充满活力的小天使。

聪明伶俐的女儿觉察了父亲的心事，就对他说："爸爸！我没事，你不是常常告诉我，任何一个苦难和问题的背后，都有一个更大的祝福吗？我不会因为失去小腿而难过的。"此时， 席勒欣慰地看着女儿。

女儿安慰似地对席勒说着："请爸爸放心吧，没有了脚我还有手。"两年之后，席勒的女儿升入了中学。她凭自己的实力，再度入选校垒球队。装上义肢的她，不能奔跑，只能缓步行走。正常情况下她是无法上垒得分的，即使漂亮的"安打"也不行，除非她击出"全垒打"。因此，她每天苦练臂力。她要培养一种长处来弥补自己无法改进的缺陷。结果她成为该联盟最厉害的全球垒王。

【优秀女孩应该懂的道理】

苦难是人生的一大财富，不幸和挫折可能使人沉沦，也可能铸造人的坚强品质，成就一个充实的人生。每个人在生活中都会遭遇磨难与不幸，如果将它们视为上天的惩罚，我们会终日生活在不安中难以自拔；如果将它们视为上天恩赐给自己的礼物，我们就会变得豁达乐观起来。对于一个豁达乐观的人来说，任何不幸与磨难都会在他面前瞬间消失，不安的情绪也会变成快乐的音符。苦难是人生的一位良师，它能教给人学会用感激的心情、积极的态度对待一切问题，养成坚强的意志，勇敢地参与社会竞争。

失业的女孩

困难与折磨对于人来说，是一把打向坯料的锤，打掉的应是脆弱的铁屑，锻成的将是锋利的钢刀。

——契诃夫

一个女孩神情恍惚地在公园里游走，没有人知道她为什么这么沮丧，然而烦恼就在最不经意的时候来到我们身边，让我们苦恼不已。原来女孩毫无道理地就被老板炒了鱿鱼，想到自己已经失业了，未来的生活一点着落也没有。她坐在路旁的一条长椅上黯然神伤，感到生活前景暗淡，看不到一丝希望。这时，在她旁边不远有个小男孩正站在那里看着她，一副幸灾乐祸的样子。她左右看看，并没有发现自己有什么异常，于是就好奇地问小男孩："小朋友，你在那里笑什么呢？"

"这条长椅的椅背早晨的时候刚刚刷过油漆，我想看看你站起来的时候，背后是什么样子？"小男孩说话时一脸得意的神情。女孩有些生气，但是也猛然领悟到了一件事。

"的确，自己如此落魄的样子，周围那些刻薄的人也都等着看我的笑话呢，就像这个可恶的小家伙，不过我还要感谢他提醒了我。我绝对不能让我的敌人看到我沮丧的样子，虽然我丢了工作，那能证明什么呢？工作没了可以再找，如果自尊和自信心没了可就不容易找回来了。" 想到这里她有了一个好主意。她指着前面的空地对那个小男孩说："你看那里，很多人在放风筝呢。"小男孩转过身去张望，但他什么也没有看到。他立刻发觉到自己受骗了，当他恼怒地转过脸时，女孩已经把外套脱了拿在手里，身上的粉红色衬衫让她看起来更加青春靓丽。小男孩有些失望，嘟着嘴走了。

此时，女孩已经从失业的阴影中走出来了。

【优秀女孩应该懂的道理】

生命的旅程，总会遇到一些烦恼和挫折，如果我们勇敢面对现实，从容不迫地接受现状，时刻充满斗志，生存就永远不会有绝境。要知道，那些幸运或成功的人，一定是在遭遇倒霉背运之时，不自暴自弃，以乐观的心态面对的人。所以，我们应该用乐观的态度看待人生，用开朗的心情去感受生命，用虔诚的情绪去感激生活。

总结失败的教训

失败也是我需要的，它和成功对我一样有价值，只有在我知道一切做不好的方法以后，我才能知道做好一件工作的方法是什么。

——爱迪生

20世纪60年代，日本"九井"公司社长到美国去做商业考察，发现美国的"超级市场"很兴旺，其集生活日用品于一处，任人选购的销售方式与销售业绩，使他产生“日本开这种超级市场也一定大有发展前途”的新构想。于是，回国后立即付诸行动，在他经营信用卡的公司六、七楼开办了“生活日用品超级市场”，并启动他的全部经营手段经营。然而开办一年多后，不但没有赚到钱，反而亏了大本，赤字3000万日元。

面对这次失败，该社长没有怨天尤人，而是进行了认真的反思，从中找出了失败的症结。他发现，开拓新领域必须要谨慎。第一，要懂行。原来他们经营生活日用品不懂行，又经营信用卡业务，因此就吃了大亏。第二，“追二兔者不得一兔”。在他们经营生活日用品时，分出了40名年轻力壮的管理人才，使他们原来生意兴旺的信用卡业务受到损失，结果两种经营都没搞好。第三，要选择好经营地点和需求。他的超级市场卖生活日用品，开在六、七楼，又没电梯。许多人不愿意为了买一两种蔬菜、鱼肉或日用品而上楼。第四，当发现有问题时，应当立刻“刹车”。该公司在六、七楼，经营三个月没有生意，明知是错的决策，社长为了面子还独断专行，又在平地另开了两个“生活日用品超级市场”，结果花费越来越大，生意也不好，赤字增大。经过这一番深刻地检讨与反思，他们调整了经营部署，果断退出了他们不熟悉的生活日用品经营业，继续拓展信用卡业务，最终成为日本一家规模庞大的公司。

【优秀女孩应该懂的道理】

失败是任何人都不愿意看到的事情，但是，在很多时候，这也是难以避免的事情。出现失败后怎么办？如果我们因此灰心丧气，悲观失望，则只能坐以待毙，一事无成；如果我们能从失败中汲取教训，总结经验，这条路不行走那条路，这种方法不行用那种方法，我们就一定能够走出失败的阴影，迈向成功的目标。

在通往成功的道路上，任何一个人的发展之路，都不会是完全笔直的，都要走些弯路，都要为成功付出代价。成功者也会失败，但他们之所以是成功者，就在于他们失败了以后，能够从失败中总结出教训，并从失败中站起来，发愤上进，于是，成功就接踵而来。

伟大的赛车手

每一种挫折或不利的突变，是带着同样或较大的有利的种子。

——爱默生

吉米·哈里波斯是一位美国颇具传奇色彩的伟大赛车手。从很小的时候起，吉米就有一个梦想，希望自己能够成为一名出色的赛车手。中学毕业后，他到军队中服役，学会了驾驶汽车，并成为一名开卡车的运输兵，这对他熟练驾驶技术起到了很大的帮助作用。

从部队退役之后，吉米选择到一家农场里开车。在工作之余，他仍一直坚持参加一支业余赛车队的技能训练。只要有机会遇到车赛，他都会想尽一切办法参加。因为得不到好的名次，所以他在赛车上的收入几乎为零，这也使得他欠下一笔数目不小的债务。

不过，经过几次比赛，吉米也获得了不少经验和教训。有一年，吉米参加了威斯康星州的赛车比赛，这场赛车，他有很大的希望在这次比赛中获得好的名次。比赛开始后，吉米的赛车位列第三，他一直寻找机会着超越前两名选手。当赛程进行到一半多的时候，突然，他前面那两辆赛车发生了相撞事故，吉米迅速地转动赛车的方向盘，试图避开他们。但终究因为车速太快未能成功。结果，他撞到车道旁的墙壁上，赛车在燃烧中停了下来。

当吉米被救出来时，他的脸已经被毁容了，手也被烧伤，体表烧伤面积达到40%。他被送到医院后，医生整整给他做了7个小时的手术，这才使他从死神的手中挣脱出来。经历这次事故，尽管他命保住了，可他的手萎缩得像鸡爪一样。医生告诉他说："以后，你再也不能开车了。" 然而，吉米并没有因此而灰心绝望。为了实现那个久远的梦想，他决心再一次为成功付出代价。他接受了一系列植皮手术，为了恢复手指的灵活性，每天他都不停地练习用残余部分去抓木条，有时疼得浑身大汗淋漓，而他仍然坚持着。

吉米始终有着一种拼搏的精神，他坚信自己的能力。在做完最后一次手术之后，他回到了农场，换用开推土机的办法使自己的手掌重新磨出老茧，并继续练习赛车。

仅仅是在9个月之后，吉米又重返了赛场！他首先参加了一场公益性的赛车比赛，但没有获胜，因为他的赛车在中途意外地熄了火。不过，在随后的一次全程300里的汽车比赛中，他取得了第二名的成绩。又过了两个月，仍是在上次发生事故的那个赛场上，吉米满怀信心地驾车驶入赛场。经过一番激烈的角逐，吉米最终赢得了400里比赛的冠军。

【优秀女孩应该懂的道理】

逆境，是促使人奋发向上的动力，是锻炼一个人意志的火炉。许多人要是没有遇到逆境，他们是不会发现自己真正的强项的。他们若不是遇到极大的挫折，不遇到对他们生命巨大的打击，就不知道怎样焕发自己内部贮藏的力量。

面对逆境，沮丧、灰心、绝望地悲叹命运不公都无济于事。在逆境中，我们要保持一颗乐观向上的心，坦然面对挫折和失败，从现在开始，凭借自身的力量，挑战生活，挑战逆境。

能力训练营：培养抗挫能力的方法和技巧

1．冷静地对待挫折

遭遇挫折，应该冷静地对待，不应把挫折看作是一种打击，而要把它看成是对自己的一次考验，一个磨砺的机会。一时的挫折并不代表什么，我们可以冷静地问自己：我的挫折和烦恼是什么，起因何在？我能怎么办？我要做的是什么？什么时候去做？　当一个人能够冷静地提出问题，并寻求解决问题的方法的时候，他就开始向新的高度迈进了。

2．树立自信心

自信心是一种强大的内部动力，能激励人在对事物和现状有一定认识的基础上，坚持不懈地运用自己的智慧完成任务，追求既定目标，实现自己的理想。因此，在遇到挫折的时候，不妨对自己说“我一定能做好”“我一定会成功的”“我很能干”“继续努力”等。相信自己一定能做好。

3．自我疏导

人在遭到挫折时，如果善于自我排解，自我疏导，就能将消极情绪转化为积极情绪，增添战胜挫折的勇气。例如：适当安排一些健康的娱乐活动，走出户外去呼吸大自然那新鲜的空气；也可以通过自己喜爱的音乐、体育锻炼等方式，使情绪得以调适，情感得以升华；还可以读一些在挫折中奋进的名人的故事感悟力量。

4．寻求帮助

遇到挫折和难以解决的问题时，学会倾诉和寻求帮助，是一种情感得以疏泄和痛苦的分担过程。分散挫折的压力，不要把痛苦闷在心里，应当主动向老师、同学或亲友倾诉，争取别人的谅解、同情与帮助。这样可以减轻挫折感，增强克服挫折的信心。

自立能力——自立是女孩送给自己最好的礼物

求人不如求己

人，谁都想依赖强者，但真正可以依赖的只有自己。

——德田虎雄

有一天，某人正在赶路，天突然下起雨来，于是这个行路人就急忙躲在屋檐下避雨。这时候他看见佛祖正撑伞走过。这人就央求道："佛祖，普渡一下众生吧，送我一段路程怎么样啊？"

佛祖说："我在雨里，你在檐下，而檐下无雨，你不需要我普渡。"

这人一听，立刻跳出檐下，站在雨中："现在我也在雨中了，该普渡我了吧？"

佛祖说："你在雨中，我也在雨中，我不被淋，因为有伞；你被雨淋，因为无伞。所以不是我普渡自己，而是伞普渡我。你要想被普渡，不必找我，请自找伞去！"说完便走了。

第二天，这人遇到了难事，便去寺庙里求佛祖。走进庙里，才发现佛祖的像前也有一个人在拜，那个人长得和佛祖一模一样，丝毫不差。这人问："你是佛祖吗？"

那人答道："我正是佛祖。"

这人又问："那你为何还拜自己？"

佛祖笑道："我也遇到了难事，但我知道，求人不如求己。"

这个人很受启发，拜谢过后就一个人走了。

【优秀女孩应该懂的道理】

是啊，求人不如求己。寻求别人的帮助，解决问题固然可以轻松一些，可这毕竟不是长久之计，因为别人可能帮我们一时，但帮不了我们一世。虽然我们现在还是小女孩，但总有一天我们会长大，许多事情都要自己解决，自己面对。所以从现在开始，我们不能事事都依赖于父母或他人，要独立地生活，自己的事情自己负责。多实践，多锻炼，最基本的就是立足于自己当前生活，从小事做起。

自立人生少年始

人啊！还是靠自己的力量吧！

——贝多芬

法国19世纪著名音乐家海克脱·倍里奥从小就喜欢音乐，也听了不少音乐家的故事，因此，他的理想就是长大后要当一名音乐家。但是，他的这个理想违背了他父亲的愿望。父亲把他送进一所军医学校学医，但是倍里奥对学医毫无兴趣，还写了封信给父亲说明这个意思，父亲一怒之下，竟把儿子赶出了家门。倍里奥没有低头，从此开始了艰苦的独立生活。

倍里奥除了一双手，什么都没有，但他并不害怕。为了生存，也为了他的理想，他到处去做工，脏活、累活都干。在屠宰场、面包房、商店和工厂，都留下了他的足迹。除了白天工作之外，晚上他还刻苦学习音乐，每天坚持学习到深夜。就这样，凭着这股坚毅的自立精神，他终于成了一流的音乐家。

【优秀女孩应该懂的道理】

自立作为成长的过程，是我们生活能力的锻炼过程，也是我们心理和道德品质锻炼的过程。经过自立这个过程，才能成为一个对自己负责、对他人负责、对社会负责的能够自立自强的人。如果不能从现在起自觉储备自立的知识，锻炼自立的能力，培养自立的精神，将来就难以在社会中立足和发展。我们不可能一辈子都靠他人，必须靠自己，走向自立人生。

人的成长过程，就是一个不断提高自立能力的过程。从学会走路开始，我们就获得了身体的自立；当能够自己吃饭、穿衣时，我们就有了自立的生活体验；直到将来走上工作岗位，我们就能够自谋生路、自己养活自己了，从而获得基本的自立人生。所以说，自立人生少年始。

患了抑郁症的孩子

路要靠自己去走，才能越走越宽。

——居里夫人

就读于某中学初三的高铭，过去曾是个开朗热情、学习优秀的“三好学生”，上小学的时候，在班上的成绩一直名列前五名，班上和学校的活动更是少不了他。他表演的节目在学校里都是“压轴戏”。可是，就在两年前的一个小小失败面前，他变得消沉了。

那是他上初一的上半年，全区中学举办了一次知识竞赛，高铭作为全校的三名选手之一，参加了最后的决赛。但在最后一轮决赛时，他答错了一道题。他答完之后，看到了台下同学们失望的目光，正是这些目光把他拖入了挫折的泥潭。后来，同学们都忘记了这场比赛，他还是陷在其中无法摆脱出来，每当大家无意间提到那场比赛，他都会陷入深深地自责之中。渐渐地他远离了同学们，把自己封闭起来。当他的父母发现他精神恍惚，带着他去看心理医生时，被告之他患有轻度抑郁症。

【优秀女孩应该懂的道理】

一个人不仅要有天资、勤勉、进取之心，还要有一种经受得住挫折和磨难的韧性，这样才会使人生臻于完善，走向理想的归宿。挫折是一种珍贵的资源，也是一种人生的财富。人只有经历过挫折，具有顽强的意志力、忍耐力，坚忍不拔、不屈不挠的精神，最终才会获得成功，才能在竞争中立于不败之地。

走上自立自强的道路

一个人既要有雄心壮志，又不能自高自大目中无人，自立自强是生活的基本原则。

——艾森豪威尔

莎士比亚出身于英国一个富商家庭，但是，他并不留恋“饭来张口，衣来伸手”的寄生虫式的生活。他要走自立自强的道路。他13岁离开学校，帮助父亲料理生意，16岁就离开家庭，外出独自谋生。他从家乡来到伦敦，身无分文，因为他从小就喜欢戏剧，想当戏剧家，所以就到戏园子里找事情做。尽管人家只需要一个给观众看马的马夫，莎士比亚仍然接受了这份差事，而且做得很好。后来，人们注意到莎士比亚头脑灵活、口齿伶俐，便让他跑跑龙套或者提提台词。再后来，人们又发现他对舞台动作和念台词方面出的主意都很有道理，就把改编剧本的任务交给他。这一切，莎士比亚都兢兢业业地做完。此外，莎士比亚还在屠宰场当过学徒，帮人家做过书童，做过乡村教师，当过兵，做过律师……为了谋生，他漂过英吉利海峡，到过荷兰、意大利。他在独立谋生的闯荡中，丰富了人生经历，增长了才干，为后来的创作打下了坚实的基础。他以饱满的热情，写了《罗密欧与朱丽叶》《威尼斯商人》《哈姆雷特》等37部剧本，两首长诗和154首十四行诗，给后世留下了丰富的精神财富。

【优秀女孩应该懂的道理】

一个人的成功，离不开自立自强的品性和奋斗精神。在人生的道路上，父母不可能陪我们走完一生，想要依靠别人来获取幸福是不现实的。我们的将来，包括学习、工作以及事业的成功，都要靠自己去闯、去努力、去奋斗。而这一切，没有自立自强的意识和精神，是很难取得满意结果的。女孩应该明白，独立既是生存的需要，也是成长中的必修课。只有我们具备了独立的意识和能力，才能比较容易地适应社会，摆脱逆境，把握机遇，发展自己。

自己的行为就要自己负责

不能总是牵着他的手走，而还是要让他独立行走，使他对自己负责，形成自己的生活态度。

——苏霍姆林斯基

美国国庆节前夕，一个11岁的小男孩用某种方式得到了一些禁止燃放的爆竹，其中包括威力很大的掼雷。下午，他来到罗克河大桥旁，背靠桥边一堵砖墙甩响了一只掼雷。随着一声震耳欲聋的巨响。他正在洋洋得意时，一辆汽车驶过来，司机命令他上车。

“爸妈教导我不要上陌生人的车！”小男孩拒绝说。直到司机亮出了警徽，他才听命上车。

到了警察所，他被带去见所长。他认识那位所长。他经常和他父亲一起玩纸牌游戏。当然他希望得到宽大处理，但所长马上给他父亲打电话，把他的劣迹告诉了父亲。不论交情如何，父亲必须付12.5美元的罚金，这在当时可是一笔数目不小的钱。所长严格执行了禁放爆竹的规定。

事后，父亲知道了事情的原委，但父亲并没有因为他年龄小而轻易原谅他，而是板着脸深思老半天不发一言。母亲在旁“开导”，父亲只冷冰冰对孩子说：

“家里有钱，但是这回不能给你，你应该对自己的过失负责。这12.5美元是我暂借给你的，一年以后必须还我。”这件事迫使小男孩到处打零工偿还他欠父亲的债。

为了还父亲的债，他边刻苦读书，边抽空辛勤打工挣钱。由于人小力单，重活做不得，便到餐馆洗盘刷碗，或捡破烂，经过半年多的努力，终于挣足了12.5美元，自豪地交到父亲的手里。父亲欣慰地拍着他的肩膀说：“一个能为自己过失负责的人，将来是有出息的。”

这个男孩后来成了美国总统，他的名字叫作里根。里根在回忆这件事时说，通过自己的劳动来承担过失，使他懂得了什么叫责任。

【优秀女孩应该懂的道理】

人无完人，我们总会做错事，但关键是敢于承担责任，为自己的错误行为负责。这是一个人独立的标志。因此从现在做起，从点滴小事做起，我们要逐步养成勇于承担责任的习惯和能力。只有承担起自己的责任，认真做好自己应该做的事，才能成为一个对自己行为负责的人。如果意识到自己的行为可能会对他人、社会带来损害，就要努力控制自己，坚决不做；如果自己的错误行为已经给他人或社会造成了损失，就要敢于承担责任，并及时改正，不能推卸、逃避责任。

能力训练营：培养自立能力的方法和技巧

1．做力所能及的事情

学会基本的生活技能，有意识地做自己力所能及的事，在生活的细节中学会自立。 比如洗衣服，收拾文具，帮父母拖地、洗碗等。只有从小事做起，才能逐渐培养起独立自主的精神。

2．克服依赖心理

生活中，我们要培养自信心，相信通过自己的努力，能处理好生活和学习中的问题；还要发现自己的才能，尝试独立解决问题。

3．参加社会实践

培养自己的自立能力，也要大胆地投身到社会实践中去。因为只有在社会生活中反复地锻炼、不断实践，才能逐步提高我们的自立能力。

4．合理安排时间

培养自立能力不仅要善于自主地管理好学习活动，也要学会自主地安排好自己的娱乐和休息；合理安排时间，调节好自己的学习和生活等。

5．热爱劳动

劳动是一个人通往独立的道路，因为劳动不只是一种态度，一种习惯，更是一种重要的能力。我们只有从小参加劳动，才能练就各种照顾自己、帮助别人、为社会作贡献的能力。

6．独立思考

独立思考问题，是独立解决问题的前提条件。一个人如果不善于独立思考问题，那么他面对许多新问题时将一筹莫展，束手无策。独立生活要求我们要善于独立地思考问题。

人际交往能力——
左右逢源，游走天地间

一场篮球比赛

单个的人是软弱无力的，就像漂流的鲁滨孙一样，只有同别人在一起，他才能完成许多事业。

——叔本华

琼斯还是个高中生，是学校篮球队的女篮队员。球打得相当不错，身高足以成为学校篮球队的首发队员。除此之外，她的好友玛琳，也被选入大学篮球队的首发队员。琼斯比较擅长中远距离投球，常常一场球打下来能有四五个进球，这也得到了大家的赞赏。

可是，她慢慢发现，玛琳不喜欢她在球场上成为人们注意的中心，因此，无论有多好的投篮机会，玛琳都不会再将球传给琼斯了。琼斯非常生气，可是爸爸对她说："我有一个建议，可以让玛琳把球传给你，那就是你一得到球，就马上传给她。"

琼斯没有明白爸爸这番话的深意，很快就要打下一场比赛了，琼斯决心让玛琳在比赛中出出丑。可是，比赛的时候，当她第一次拿到球时，就听到爸爸在观众席上大声叫喊，他的嗓音很低沉："把球传给玛琳！"

琼斯犹豫了一下，将球传给了玛琳。她看到玛琳仿佛愣了一下，然后转身投

篮，手起球落，2分。这时，琼斯突然产生了一种从未有过的感觉：为另一个人的成功而由衷地感到高兴！更重要的是，她知道她们的比分领先了。

赢球的感觉真好！下半场琼斯继续听从爸爸的建议，一有机会就将球传给玛琳，除非这个球适于别人投篮或由她直接投篮更好。通过与别人的合作，这场比赛她们以绝对领先的成绩取得了成功。

在以后的比赛中，玛琳开始向琼斯传球，而且还像以前一样，一有机会就传给她。她们的配合变得越来越默契，两人之间的友谊也越来越深。在那一年的比赛中，她们赢了大多数比赛，不仅如此，她们两人也成了家乡小镇中的传奇人物。当地报纸甚至专门写了一篇有关她们两人默契配合的报道。当然，琼斯在比赛中的得分也比以前多了。

这次比赛给琼斯留下了深刻的印象，让她体会到了双赢想法的奥妙，通力合作、争取双赢带给她的是震撼和快乐。

【优秀女孩应该懂的道理】

一个人的能力是有限的，不可能包打天下。即便我们是一个非常优秀的人，也不要忘了天外有天，人外有人，一定有许多更优秀的人值得我们学习。不要过于争强好胜，团结他人共同奋斗，我们将获得真正的成功与快乐。

一个人无论多么优秀，如果离开了别人的配合，就无法把自己的事情做好，也无法在未来的社会上立足。我们的社会是由各怀特长的人共同组成的，每个人都有自己的优点，都是不可取代的，只有相互合作，取长补短，才能够共同取得成功。

不快乐的女孩

要想得到别人的友谊，自己就得先向别人表示友好。

——爱默生

曾经有个女孩子对老师说："我不快乐！虽然我家有两个保姆，上百本图书和数不清的玩具。可是，我就是不快乐！"

于是老师就问他：“你把这些书分给没有书的小伙伴看过吗？”

“没有。”

“那你把那些玩具分给别人玩过吗？”

“也没有。”

“你的压岁钱用来帮助过有困难的同学吗？”

“更没有了。”

“所以你不快乐！”老师这样对他说，“如果你能把这些东西拿出来和别的小伙伴分享，快乐自然就会来到你的身边！”

这次谈话后，女孩了解到贫困地区有许多爱学习的孩子没钱买课外书时，她真的很吃惊，就和妈妈一起捐出一万块钱，要求为五所农村小学建立“手拉手”书屋。

几个月之后，女孩真的收到了上百封农村孩子的来信，女孩的校长惊讶不已，以为这个女孩干了什么惊天动地的“大事”。

在这些信中，农村孩子对城市女孩表达了最朴实的感谢，说他们从来没有看到过那么多的书，还说那些书让他们产生了许许多多美丽的梦想，给他们带来了不曾有过的快乐，更说他们一定会好好读书……

女孩被感动了！他忽然觉得，自己是多么重要，自己的那些书是多么神奇！

慢慢地，女孩变得快乐了！她还和妈妈商量好，每年都要省下一些钱来捐书，送给山里的孩子。第二年，她又捐了1000册书……

【优秀女孩应该懂的道理】

分享是获取快乐的途径。一个乐于把幸福与人分享的人，很自然地能够交到更多的朋友，更加受人欢迎。分享对于一个人与社会的融合起着决定作用。它影响着人能否被社会接纳、能否适应社会、能否在社会上生存。当人们主动与别人分享本属于自己独有的一份东西时，当人们提出对双方同样有利的建议、并付诸行动时，常常能赢得别人的好感，从而为进一步交往打下基础。而那些只习惯于独自享受，在为自己谋利的过程中，不顾别人利益的人是很难与人相处共事的。所以说，学会与别人分享是与人交往中明智的选择，而不懂得与人分享的人是难以融入集体，难以获得成功的。

友谊需要真诚付出

人与人之间的相互关系中，对人生的幸福最最重要的莫过于真实、诚意和热情。

——富兰克林

一个人凭借自己的勤劳和努力白手起家，在多年之后终于拥有万贯家产，成为当地有名的富翁。

很多人都以为人一旦有了钱之后就可以坐在家里轻松地享受，再也不必辛苦劳动了。其实，事实上并非如此，大多数人有了钱之后，才发现自己的生活更加忙碌了，操心的事情更多了。这位白手起家的富翁就是这样。他经常督促自己不能松懈，结果每天就像一个陀螺一样不停地转。

如此忙碌和紧张的生活真让他感到痛苦，他时时都想找一位朋友来倾诉自己心中的愁苦。可是在生意场上哪里有真正的朋友，多年的经验也告诉他不可以轻易地将那些人当成朋友；公司里的员工，见到他不是畏惧就是溜须拍马，更不会是什么朋友；也许只有在工作之余才能找到真正的朋友。

可是在生活中，这位富翁更是没有可以谈天说地的知己。由于常年忙碌，他几乎连谈恋爱的时间也没有，三十几岁了还没有结婚。也正是因为过于忙碌，所以过去的同学、朋友早已失去了联系。邻居倒是有一些，可是富翁却觉得那些邻居小市民气太重，以自己的身份是不屑和他们结交的。

实际上，富翁和邻居之间的关系处得相当糟糕。他嫌弃邻居们目光短浅、无所事事。而邻居们则认为他过于趾高气扬，看不起众人，而且还认为他为人自私，不知道替别人考虑。邻居们这样评价富翁是有理由的，富翁经常开着名牌汽车出入，在进入街巷之时从来没有降低速度，即使在雨天也是如此；他养的大狼狗经常对邻居家的小孩露出可怕的尖牙；当邻居遇到他时，他总是皱着眉头，板着一张脸；每逢他看到邻居家的小孩想要抚摸一下他的汽车时，他总会粗鲁地将孩子呵斥一顿……

富翁就这样富有而孤独地生活在邻居中间。

随着市场竞争的激烈，富翁公司的生意很快萧条下来。在一次三角债风波中，公司因为欠债被银行查封了，这下他终于有时间休息了。公司被查封之后，无事可干的富翁更是觉得孤单无比。他现在看到邻居们坐在一起其乐融融的样子真是羡慕，于是他希望也能走到邻居们当中。可是，他发现每当自己开启大门走出院子时，邻居们就会自动走到离他家更远的地方去聊天。当他主动与邻居聊天时，邻居总是板着面孔一副不情愿的样子。甚至当他亲热地抚摸小孩子的头时，小孩子竟然立刻大哭起来……

他感到很委屈，认为邻居们简直不近人情，同时他也为自己得不到友谊而痛苦。一天，他在家中看杂志时，发现这样一句话：要想收获友谊之树，必须种下真心的种子，还需要用心培植，并且需要日积月累地付出。

富翁顿然醒悟，于是，他皱紧的眉头开始舒展，脸上也有了笑容，看到邻居家的孩子他会主动带上他们开着车去兜风。他养的大狼狗则被一条粗壮的铁链拴到了自家院子的角落，当他开车进入街巷之时，他会主动降低速度，在雨天更是减速慢行……

最后银行审查结束，他的公司恢复了运转，而他在忙碌之余也享受到了包括邻居在内的许多人的关心和体贴。

【优秀女孩应该懂的道理】

友谊需要真诚地付出，只想获得，而不相应付出，永远不会有真正的朋友，更难有真正的友谊。所谓“你敬我一尺，我敬你一丈”。我们希望别人对我们好，我们首先要对别人好；我们希望别人对我们真诚，我们也要真诚地对待别人。真诚，可以使人和人之间多一分理解，多一分尊重，多一分宽容，多一分和谐。生活中，只要我们对每个人露出真诚的笑脸，付出友爱之心，我们必将收获友谊的果实。记住：真诚，是开启友情之门必不可少的金钥匙！

不要吝啬对朋友的帮助

如果我们想交朋友，就要先为别人做些事——那些需要花时间、体力、体贴、奉献才能做到的事。

——戴尔·卡耐基

在小镇最阴湿寒冷的街角，住着约翰和妻子珍妮。约翰在铁路局干一份扳道工兼维修的活，又苦又累；珍妮在做家务之余就去附近的花市做点杂活，以补贴家用。生活是清贫的，但他们是相爱的一对。

冬天的一个傍晚，小两口正在吃晚饭，突然响起了敲门声。珍妮打开门，门外站着一个冻僵了似的老头，手里提着一个菜篮。“夫人，我今天刚搬到这里，就住在对街。您需要一些菜吗？”老人的目光落到珍妮缀着补丁的围裙上，神情有些黯然了。“要啊，”珍妮微笑着递过几个便士，“胡萝卜很新鲜呢。”老人浑浊的声音里又有了几分激动：“谢谢您了。”

关上门，珍妮轻轻地对丈夫说：“当年我爸爸也是这样挣钱养家的。”

第二天，小镇下了很大的雪。傍晚的时候，珍妮提着一罐热汤，踏过厚厚的积雪，敲开了对街的房门。

两家很快结成了好邻居。每天傍晚，当约翰家的木门响起卖菜老人“笃笃”的敲门声时，珍妮就会捧着一碗热汤从厨房里迎出来。

圣诞节快来时，珍妮与约翰商量着从开支中省出一部分来给老人置件棉衣：“他穿得太单薄了，这么大的年纪每天出去挨冻，怎么受得了。”约翰点头默许了。

珍妮终于在平安夜的前一天把棉衣赶成了。铺着厚厚的棉絮，针脚密密的。平安夜那天，珍妮还特意从花店带回一枝处理玫瑰，插在放棉衣的纸袋里，趁着老人出门购菜，放到了他家门口。

两小时后，约翰家的木门响起了熟悉的笃笃声，珍妮一边说着圣诞快乐一边快乐地打开门，然而，这回老人却没有提着菜篮子。

“嗨，珍妮，”老人兴奋地微微摇晃着身子，“圣诞快乐！平时总是受你们的帮助，今天我终于可以送你们礼物了，”说着老人从身后拿出一个大纸袋，“不知哪个好心人送在我家门口的，是很不错的棉衣呢。我这把老骨头冻惯了，送给约翰穿吧，他上夜班用得着。还有，”老人略带羞涩地把一枝玫瑰递到珍妮面前，“这个给你。也是插在这纸袋里的，我淋了些水，它美得像你一样。”

娇艳的玫瑰上，一闪一闪的，是晶莹的水滴。

【优秀女孩应该懂的道理】

生活离不开朋友，朋友间互相帮助、相互关心是自然的事，我们应主动关心及清楚聆听朋友们真正的需要，竭尽自己的能力来帮助他们，这样才会使友谊的玫瑰更加娇艳。

互助是交往的原则。当一方需要帮助时，另一方要力所能及地给对方提供帮助。这种帮助可以是物质方面的，也可以是精神方面的；可以是脑力的，也可以是体力的。

平等待人，相互尊重

要尊重每一个人，不论他是何等的卑微与可笑。要记住活在每个人身上的是和你我相同的性灵。

——叔本华

苏联十月革命胜利后，英国著名作家萧伯纳前往苏联考察。一天，他在大街上同一个可爱的苏联小女孩相识，两人玩了半天，很开心。分别时，萧伯纳觉得应该告诉孩子自己是谁，于是问孩子：“小姑娘，你知道今天同你玩的是谁吗？”小姑娘答：“不知道。”萧说：“告诉你小姑娘，回家也告诉你妈妈，今天同你玩的是英国著名作家萧伯纳！”

小姑娘闻之不悦，回敬说：“你回家也告诉你妈妈，今天同你玩的是苏联小姑娘玛沙。”听了小姑娘的话，萧伯纳为之一震。他感慨地说：“一个人无论他有多大的成就，他在人格上和任何人都是平等的。”

孩子单纯幼稚，不识名人，头脑中没有世俗的等级观念，在与成人交往时，幼小纯洁的心灵同样渴望一份平等。萧伯纳为自己不经意间流露出的以名人自居的不平等态度而深感内疚。为此，他回国后专门写了一篇文章反省自己，并提醒世人与他人交往时一定要相互尊重，平等待人。

【优秀女孩应该懂的道理】

在人际交往中，每个人都渴望得到平等的待遇，渴望得到他人的理解、宽容和尊重。然而，在实际生活中，却不是谁都可以做到平等待人的。我们在埋怨、抱怨他人对自己不够平等的时候，常常忽略了自己对待他人的态度。

平等是人际交往的前提和基石。在交往过程中，每个人的地位都是平等的。我们要正确估价自己，不要光看自己的优点而盛气凌人，也不要只见自身弱点而盲目自卑，要尊重他人的自尊心和感情，更不能“看人下菜碟”。

孤独的失落感

不管努力的目标是什么，不管他干什么，他单枪匹马总是没有力量的。合群永远 是一切善良思想的人的最高需要。

——歌 德

周华在读高中时非常喜欢运动，尤其是喜欢踢足球。他的内心一直崇拜那些足球明星。虽然周华才上高二，但球踢得相当好，所以成了校队的灵魂人物。在比赛中，他积极拼抢，使对方的队员十分头疼。

周华被赞美包围，这使他在精神上越来越骄傲，思想上常以自我为中心。于是，周华和其他队员之间产生了隔阂，经常会有一些摩擦。不久以后的一场比赛却让他终生难忘，对他来说那是非常深刻的一课。

那是一场决赛，无论哪一支球队胜出，都将成为本市校队的第一。学校对此很重视，周华所在的球队要和另一个学校的球队展开决赛，争夺第一。

上场前，教练叮嘱周华要和其他队员配合，不要搞个人表演，周华痛快地答应了。比赛开始，周华仍像往常一样，全力拼抢投入比赛，在上半场快要结束时，凭个人突破为自己的球队攻入一球。整个看台都沸腾了，周华感到前所未有的激动，带着喜悦结束了上半场。

下半场开始了，对方虽然先失了球，但是并未乱阵脚，而周华所在的球队因为先进一球而思想上有些放松。尤其是周华，因为他想现在已经是下半场了，他们完全可以凭借一球而锁定胜局。因此一种强烈的表演欲占据了他的大脑。

当周华接到队友的传球后，本来有很好的机会传给另一个队友，但是周华没有这样做，而是带球过人，想炫耀一下自己。他很轻松地过了一个人，正洋洋得意时，忽然上来三四个人把他围住，使他连起脚的机会都没有，还被对方打了一个反击，结果丢了一个球。

周华心里非常生气，心想凭他的能力怎么会丢球呢？于是又去拼抢，得到球后仍然不及时传给队友，而是一个人带球向对方的大门冲刺，结果又丢了一球。同时，也失去了给其他队员传球的机会。

反复几次都是这样，而此时的比分已是2∶1，他们输一球。比赛快要结束了，他心里很着急，心想，如果再有一次拿到球的机会，他绝不放过。

果然有一个很好的机会，队友打了一个长传，周华拿到球后，对方只有一名防守队员，而周华方又有一名队员跑到对方球门前接应，这么好的机会，只要他将球传给队友，就很可能将比分扳平。可是周华想自己破门，于是周华想带球过掉那个防守队员，却被防守队员把球给断了下来。由于周华的失误对方又得了一分。那一刻周华怔在球场上，周围的声音都听不到了，他的心中只有孤独、失落和沮丧。

【优秀女孩应该懂的道理】

一个人最明智且能获得成功的捷径就是善于同别人合作。合作是取得成功的重要前提，不能与他人良好合作，我们就休想取得良好的成果。我们任何人在这个世界上都不是孤立存在的，都要和周围的人发生各种各样的关系。无论我们干什么，无论在何时何地，始终离不开与别人的合作。一个人学会了与别人合作，也就获得了打开成功之门的钥匙。

合作是一种在未来适应社会、立足社会不可缺少的重要因素，学会合作对女孩的一生都有无穷益处。现在社会正处于知识经济时代，团队精神在竞争中越来越重要，很多事情需要团队合作才能完成。只有能与人合作的人，才能获得生存空间；只有善于合作的人，才能赢得发展。一个懂得合作的女孩成人后会很快适应工作岗位的集体操作并发挥积极作用，而不懂合作的女孩在生活中会遇到许多麻烦，产生更多困难并且无所适从。所以，只有能与人合作的人，才能获得生存的空间，也只有善于合作的人才能赢得发展。

能力训练营：培养人际交往能力的方法和技巧

1．平等互惠

交友是一个平等互惠的过程，给予与分担必须是双向的，这样才能做到双赢甚至多赢。

2．理解、宽容

对朋友某些过失要持谅解和宽容的态度。朋友之间的理解。宽容，并不是可以不讲原则，建立真正的友谊必须以分清正确与错误、正义与邪恶为前提。那种不分是非善恶、只讲“哥们儿义气”的所谓友谊，绝不是真正的友谊。

3．关爱、帮助

当朋友、同学遇到困难和不幸时，我们应毫不犹豫地伸出援助之手。从来不去主动帮助、关心、支持他人，这就很难寻到知心朋友，发展真挚的友情。

4．学人之长补己之短

与人相处中，学会准确地评价自己和对待自己，善于发现和学习他人之长的人，会成为一个真正拥有无形精神财富的人。千万不要炫耀自己，即使受到别人赞扬时，也要冷静对待，不能得意忘形，只有如此，才能真正赢得人们的敬佩与好感。

5．谨慎择友

交朋友一定要慎重，交朋友应有所选择。应该选择好的朋友，应该与正直诚实、见义勇为、知识渊博的人交友，保留朋友的个性、脾气，只要朋友是个诚实可靠、宽容大度的人就值得去交往。

适应能力——
世界不是绝对公平的，我们要去适应它

一颗珍珠的启发

既然不能驾驭外界，我就驾驭自己；如果外界不适应我，那么我就去适应他们。

——蒙田

贞子是日本人，她们家世代采珠，她有一颗珍珠是她母亲在她离开日本赴美求学时给她的。

在她离家前，她母亲郑重地把她叫到一旁，给她这颗珍珠，告诉她说：“当女工把沙子放进蚌的壳内时，蚌觉得非常的不舒服，但是又无力把沙子吐出去，所以蚌面临两个选择，一是抱怨，让自己的日子很不好过，另一个是想办法把这粒沙子同化，使它跟自己和平共处。于是蚌开始把它的精力营养分一部分去把沙子包起来。当沙子裹上蚌的外衣时，蚌就觉得它是自己的一部分，不再是异物了。沙子裹上的蚌成分越多，蚌越把它当作自己的一部分，就越能心平气和地和沙子相处。”

母亲继续启发她道：蚌并没有大脑，它是无脊椎动物，在演化的层次上很

低，但是连一个没有大脑的低等动物都知道要想办法去适应一个自己无法改变的环境，把一个令自己不愉快的异己，转变为可以忍受的自己的一部分，人的智能怎么会连蚌都不如呢？

母亲的话对贞子的影响很大，她懂得了适应环境的重要性，在异国的求学期间，她很快融入了当地的文化氛围，适应了当地的生活环境。

【优秀女孩应该懂的道理】

一个人要想营造成功幸福的人生，就一定要有适应环境变化以及新环境的能力。生活中，我们每个人都会遭遇恶劣的环境，既然我们没有办法改变环境，何不试着去适应呢？这是一个适者生存的时代，只有学会适应社会环境，个人才能生存和发展。要知道，一个人不可能总是生活在同一个环境中，即使是生活在同一个环境中，环境也会时常发生变化，如果不会适应环境的变化或者适应不了新环境，则只能被淘汰或归于失败。

不屈服于命运的强者

人，只要有一种信念，有所追求，什么艰苦都能忍受，什么环境也都能适应。

——丁玲

迈克尔先生是一位成功的企业家。他从一个小学徒工做起，经过多年的奋斗，终于拥有了自己的公司和办公楼，并且受到了人们的尊敬。

有一天，迈克尔先生从他的办公楼走出来，刚走到街上，就听见身后传来“嗒嗒嗒”的声音，那是盲人用竹竿敲打地面发出的声响。迈克尔先生愣了一下，缓缓地转过身。

那盲人感觉到前面有人，连忙打起精神，上前说道：“尊敬的先生，您一定发现我是一个可怜的盲人，能不能占用您一点点时间呢？”

迈克尔先生说：“我要去会见一个重要的客户，你有什么就快说吧。”

盲人在一个包里摸索了半天，掏出一个打火机，放到迈克尔先生的手里，说："先生，这个打火机只卖一美元，这可是最好的打火机啊。"

迈克尔先生听了，叹口气，把手伸进西服口袋，掏出一张钞票递给盲人："我不抽烟，但我愿意帮助你。这个打火机，也许我可以送给开电梯的小伙子。"

盲人用手摸了一下那张钞票，竟然是一百美元！他用颤抖的手反复抚摸着钱，嘴里连连感激着："您是我遇见过的最慷慨的先生！仁慈的富人啊，我为您祈祷！上帝保佑您！"

迈克尔先生笑了笑，正准备走，盲人拉住他，又喋喋不休地说："您不知道，我并不是一生下来就瞎眼的，都是二十三年前布尔顿的那次事故！太可怕了！"

迈克尔先生一震，问道："你是在那次化工厂爆炸中失明的吗？"

盲人仿佛遇见了知音，兴奋得连连点头："是啊，是啊，您也知道？这也难怪，那次光炸死的人就有93个，伤的人有好几百，那可是头条新闻啊！"

盲人想用自己的遭遇打动对方，争取多得到一些钱，他可怜巴巴地说了下去："我真可怜啊！到处流浪，孤苦伶仃，吃了上顿没下顿，死了都没人知道！"他越说越激动："您不知道当时的情况，火一下子冒了出来！仿佛是从地狱中冒出来的！逃命的人群都挤在一起，我好不容易冲到门口，可一个大个子在我身后大喊：'让我先出去！我还年轻，我不想死！'他把我推倒了，踩着我的身体跑了出去！我失去了知觉，等我醒来，就成了瞎子，命运真不公平啊？"

迈克尔先生冷冷地说："事实恐怕不是这样吧？你说反了。"

盲人一惊，用空洞的眼睛呆呆地对着迈克尔先生。

迈克尔先生一字一顿地说："我当时也在布尔顿化工厂当工人，是你从我的身上踏过去的！你长得比我高大，你说的那句话，我永远都忘不了！"

盲人站了好长时间，突然一把抓住迈克尔先生，爆发出一阵大笑："这就是命运啊！不公平的命运！你在里面，现在出人头地了，我跑了出去，却成了一个没有用的瞎子！"

迈克尔先生用力推开盲人的手，举起手中一根精致的棕榈手杖，平静地说："你知道吗？我也是一个瞎子。你相信命运，可是我不信。"

这就是迈克尔先生，一个不屈服于命运的强者。

【优秀女孩应该懂的道理】

很多人一遇到不公平，首先想到的就是抱怨，和它势不两立，因此常屈从于现实的压力，成为懦弱者；而那些真正成大事的人，则敢于挑战现实，在现实中磨炼自己的生存能力，这就叫强者！故事中迈克尔先生对世界的不公平，并没有去抱怨，而是首先适应。这也充分说明：要消灭不公平，首先要适应不公平，然后创造条件去改变这种不公平！所以，不管现实怎样，我们都不应该抱怨，而要靠自己的努力来改变现状并获得幸福。这就是适应能力。

美洲鹰的新生

生物的进化同环境的变化有很大的关系，生物只有适应环境，才能生存。

——曲格平

只要我们还活着，必然面对生存；只要我们想更好地生存，必须成为适者。外部的生存环境是残酷的，我们只有认清环境，改变自己，才能获得更好的发展。

在美国加州的岛上，有一种鸟叫美洲鹰。它的体重达到20千克，两翼自然展开达到3米。由于有人高价收购，导致美洲鹰在岛上绝迹。当人们认为世界上不可能再出现美洲鹰的时候，美国一名专门研究美洲鹰的科学家阿·史蒂文，却在南美安第斯山脉的一个岩洞里，发现了绝迹多年的美洲鹰。让人感到不可思议的是，洞中到处是奇形怪状的岩石，岩石与岩石之间最大的距离是0.15米；最狭窄的地方，两块岩石几乎紧贴在一起，有的岩石薄得像刀片，有的岩石尖得像钉子。别说身体庞大的美洲鹰无法生活，连麻雀恐怕都很难栖身。美洲鹰究竟是以什么样的方式生活？所有专家都难以想象。经过观察，科学家才发现美洲鹰在穿过缝隙的一刹那，翅膀紧紧地贴在肚子上，双脚直直伸到尾部，与伸直的脖子和头保持在一条直线上，巨大的布满老茧的躯体在瞬间变成一条又柔又软的“面条”，进而轻松做到人们无法想象的事情。

美洲鹰为了躲避人类的追捕，来到这样的岩洞里，为了适应环境，为了让自己庞大的身躯能穿过岩石之间狭小的缝隙，在一次次受伤中调整自己、改变自己，终于让自己的身上有了老茧以抵御岩石的摩擦，让自己庞大的身躯柔软到可以瞬间成为一条直线。美洲鹰无法改变岩洞的狭小，但是它却改变自己，进而获得新生。

【优秀女孩应该懂的道理】

面对不如意的环境，改变自己是发展自己的必要条件。与其强求环境适应我们，不如先改变自己，主动去适应环境。动物尚且懂得这个道理，人更应如此。

任何人都不可能离开环境而生存，在无法改变环境时，只有改变自己，努力去适应环境。人不可能一直生活在自己意愿的环境中，当生存的环境变得越来越艰难时，我们要懂得改变自己去适应它。如果环境不利于我们，我们还要强行让外界适应我们的话，就可能会付出巨大的代价。所以说，与其试图改变环境适应自己，不如改变自己去适应环境。当我们从这样的认识出发，面对现实，千方百计改变自己，我们就会发现，在改变自己适应环境的同时，环境也会逐渐随了人愿。

摩斯的华丽转身

在世界上出人头地的人，都能够主动寻找他们要的时势，若找不到，他们就自己创造出来。

——萧伯纳

摩斯年轻时想当一名艺术家。他从英国皇家艺术学院毕业后，信心十足地来到美国准备开始他的艺术生涯。然而由于他的画趋向于欧洲风格，太专注于浪漫主题的表现，所以在讲求实际的美国并不受欢迎。1837年，美国政府委托画家以历史画装饰国会大厅。国会成立一个委员会，准备挑选四位艺术家进行这项重要的工作，摩斯希望自己能是其中一员，然而名单揭晓时却没有他的名字。经过这次失败，摩斯决心放弃艺术，开始追求另一种人生。

摩斯想起几年前到欧洲旅行回来时，在船上和几个朋友谈到人们新发现的电磁现象，他决定以此为方向，研究“电”。在历经无数次失败后，摩斯终于发明了“电报”，为人类通信做出了伟大贡献。

【优秀女孩应该懂的道理】

“条条大路通罗马”，成功的路不止一条，此路不通有它路。华丽转身不是悲壮，而是新生的开启，所以，做人做事不能一条路走到黑。人生有很多条道路，路到尽头，我们应该学会转弯，及时调整自己的行动方案，这才是适应现实的一种方法。

生活中有不少人没走上成功之路的原因，就是不懂得转弯，没有走出直线的误区。其实，此路不通，可以寻找不同的路，这个方法不好，可以用下一个方法来解答。生活就是这样，也许换一个角度思考，我们也许会得到满意的答复。所以，不要让我们在同一面墙上碰壁，而应该选择不同的路线前进。

“唤山”大法

理智的人使自己适应这个世界；不理智的人却硬要世界适应自己。

——萧伯纳

哈佛大学里有一位著名的经济学教授，凡是他教过的学生，很少有顺利拿到学分毕业的。原因是这位教授平时不苟言笑，教学古板，分派作业既多且难。学生不是选择逃学，就是打混摸鱼，宁可拿不到学分，也不愿多听教授讲一句。但这位教授可是美国首屈一指的经济学专家，国内几位有名的财经人才，都是他的得意门生。谁若是想在经济学这个领域内闯出一点儿名堂，首先得过了他这一关才行！

一天，教授身边紧跟着一名学生，二人有说有笑，惊煞了旁人。后来，就有人问那名学生说：“为什么天天围着那古板的老教授转？”那名学生回答：“你们听过穆罕默德唤山的故事吗？穆罕默德向群众宣称，他可以叫山移至他的面前来，等呼唤了三次之后，山仍然屹立不动，丝毫没有向他靠近半寸；然后，穆罕默德又说，山既然不过来，那我自己走过去好了！教授就好比是那座山，而我就好比是穆罕默德。既然教授不能顺从我想要的学习方式，只好我去适应教授的授课理念。反正，我的目的是学好经济学，是要人宝山取宝，宝山不过来，我当然是自己过去喽！”

后来，这名学生果然出类拔萃，毕业后没几年，就成为金融界了不起的人物，而他的同学，都还停留在原地“唤山”呢！

【优秀女孩应该懂的道理】

凡事都要学会变通，处理事情不是非要用一成不变的方法，有时候随机应变，效果可能更好。在充满不定性的环境中，有时我们需要的不是朝着既定的方向执着努力，而是在随机应变中寻求生的出路；不是对规则的遵循，而是对规则的突破。

灵活变通是一种智慧，这种智慧让人受益。任何事情，要是都能用积极的心态，多换几个角度去思考，肯定都会有通融的办法的。学会多角度灵活看待、处理问题，生活会因此而更加美好！

能力训练营：培养适应能力的方法和技巧

1．学会接受新事物

固执常和思维狭隘、不喜欢接受新事物，对未曾经历过的东西感到担心相联系。因此我们要养成渴求新知识，乐于接触新人新事，并学习其新颖和精华之处的习惯。

2．要健壮身体

身体健壮的人在适应环境的过程中，精力充沛，敏感灵活，积极主动。

3．多参加实践活动

人们适应能力的发展，往往离不开实践的锻炼。书本知识是过去经验的总结，它很可能与不停向前运行的实践之间有相当大的差距。人应该经过实践的锻炼以发展自己的适应能力。

4．不断充实自己

知识就是力量，充实知识可以增强自己的适应能力。在现代的这个高科技社会里，人们已不能仅凭个人经验来适应社会、适应自然了。没有知识的人在我们的社会里只能举步维艰、处处挨打。

5．提高与人交往的能力

提高与人交往的能力有助于对新环境的适应。任何人都不喜欢性情怪癖、忧郁的人，人人都喜欢与热情洋溢的人在一起。因此，我们平时要学习一些交友的技巧，注意交友的原则。如果可以在新的环境中很快得到他人的好感与认可，很快就交上了新的朋友时，也就能顺利地适应新的环境了。

心理调节能力——
调节好心理状态，我们就是最棒的

刚进入哈佛的女孩

为了战胜自卑，我们就会更加努力。因为自卑的持续存在，我们或许会比较少骄横。因为自卑，我们记得渺小和尊崇，这未尝不是因祸得福。

——毕淑敏

丽莎是来自美国阿肯色州的学生，也是她所在镇里唯一来哈佛读书的人。在她准备启程到哈佛大学前，当地的人都为她能到哈佛上学而感到自豪，她自己也庆幸能有这样好的机遇。

但是，丽莎的兴奋劲还没过，就忽然对自己的感觉越来越糟糕了。她在哈佛过得很辛苦，上课听不懂，说话带土音，许多大家都知道的事自己却一无所知，而许多她知道的事大家却又觉得好笑。她开始后悔自己到哈佛来。她不明白自己为什么要到哈佛来受这份羞辱，同时更加怀念在家乡的日子，在那里，可没有人瞧不起她。

感到孤独无比的丽莎，觉得自己是全哈佛最自卑的人。无奈之下，她求助于心理咨询。

心理医生对她是这样诊断的：

她已跨入了个人成长的“新世纪”，可她对已经过去了的“旧世纪”仍恋恋不舍。

她对于生活的种种挑战，不是想方设法加以适应，而是缩在一角，惊恐地望着它们，哀叹自己的无能与不幸。

她对于能来哈佛上学这一辉煌成就已感到麻木不仁。她的眼睛只盯着当前的困难与挫折，没有信心去再造就一次人生的辉煌。

她习惯了做羊群中的骆驼，不甘心做骆驼群中的小羊。

她以高中生的学习方法去应付大学生的学习要求，自然是格格不入，可她抱残守缺，不知如何改变。

她因为自己来自小地方，说话土里土气，做事傻里傻气，就认定周围的人在鄙视她，嫌弃她。可她没有意识到，正是因为她的自卑，才使周围人无法接近她，帮助她。

她生长在中南部地区，来东海岸的波士顿求学，面临的是一种乡镇文化与都市文化的冲突，她没有想到，哈佛对她来说，不仅是知识探索的殿堂，也是文化融合的熔炉。

她身材瘦小，长相平常，多年来唯一的精神补偿就是学习出色。可眼下，面临来自世界各地的“学林高手”，她已再无优势可言。

她长相平庸，学习又平庸，这就彻底打破了她多年的心理平衡点，使她陷入了空前的困惑中。她悲叹自己来哈佛是个错误。可她忘了，多年来，正是这个哈佛梦在支撑着她的精神。她虽然战胜了许多竞争对手进入哈佛大学求学，却在困难面前输给了自己的妄自菲薄。

她怨的全是别人，叹的全是自己。难怪她会在哈佛有自卑的感觉。她只有跳出往日光辉的“怪圈”，全身心投入“新世纪”，才能重新振作起来。

总而言之，丽莎的问题核心就在于：她往日的心理平衡点彻底被打破了，她需要在哈佛大学建立新的心理平衡点。

为此，心理医生对她采取了三个咨询步骤。

第一个步骤是帮助她宣泄不良情绪，调整她的心态，使她能够积极地面对新生活。

丽莎陷入自卑的沼泽中，认定自己是全哈佛最自卑的人，这说明她过于扩大了自己精神痛苦的程度，看不到自己在新环境中生存的价值。所以心理医生一方面承认她当前面临的困难是她人生中前所未有的，所以她反映出来的情绪也是很自然的。同时，心理医生告诉她，对哈佛的不适应，产生种种焦虑与自卑反应，这在哈佛很普遍，她并非是第一个人。这使丽莎产生了“原来很多人也和我一样啊”的平衡感。

第二个步骤是竭力引导丽莎把比较的视野从别人身上转向自己。丽莎的自卑是在与同学的比较中形成的，她感到自己处处不如别人，事事都不顺心，因而觉得自己好像是天鹅群中的丑小鸭。她在来哈佛大学之前，学习成绩一直很好，但到哈佛后最好的成绩只不过是4分。

以前，从来都是别人向她请教，但现在，却是她要经常向别人请教。因此，丽莎当初那份引以为自豪的自信已荡然无存。原先，丽莎一直是教师心目中的得意门生、校园里的风云人物、众人羡慕的对象。可如今，她已成为校园里最不起眼的人物。

这一系列的心理反差，使丽莎产生了自己是哈佛大学多余的人的悲叹。她没有意识到，自己之所以会有这样的心理反差，是因为以往与同学的比较中，她获得的尽是自尊与自信；但现在与同学的比较中，她获得的尽是自卑与自怜。

所以，心理医生竭力让丽莎懂得在新的环境里，学会多与自己比，而不与别人比。如果一定与别人比的话，还要透视到别人在学习成绩、意志等方面不如自己的一面。

接下来，心理医生开始帮助丽莎采取具体行动，理清学习中的具体困难，并制订相应的学习计划加以克服和改进。同时，让丽莎参加了一个哈佛本科生组成的学生电话热线，让丽莎在帮助别的同学的同时，也结交了不少新的知心朋友。更重要的是，丽莎在帮助他人的过程中，重新感到自信心在增长，感到哈佛大学需要她，她不再是哈佛大学多余的人了。

【优秀女孩应该懂的道理】

太看重别人的评价，因为自己的一点缺陷就自卑，势必会影响自己的正常生活，这是没有必要的。俗话说：寸有所长，尺有所短。我们不仅要看到自己的短处，也要客观看到自己的长处，肯定自己的成绩，并且让优点长处进一步放大，进而克服自己的自卑感。世界上许多成功人物之所以能做成大事，走的就是这条超越自卑的路。

自卑感在每个人身上都或多或少地存在，但我们不应被自卑吓倒，而应超越自卑，让它升华为一种良好品格：谦虚谨慎，不骄不躁，并转化为进取的动力。只有这样，我们才会活得开心、活得顺利，我们的人生才会充满希望。

羡慕、嫉妒、恨

骄傲的人必然嫉妒，他对于那最以德行受人称赞的人便怀忌恨。

——斯宾诺莎

王蕊是一个来自农村的女孩。三年前，她以优异的成绩考取了某著名学府的英语专业，这让她从此有了出人头地的机会。她是一个热情大方、乐于助人的女孩子，因此，同学和老师都十分喜欢她。

可她并没有就这样积极地与人相处下去，在与同学的不断交往中她产生了严重的不平衡心理。只要别的同学哪方面比她强，她就眼红；只要老师在同学面前表扬别的同学，她心里就酸溜溜的。她总是抱怨自己生在一个并不富裕的家庭，看到别的同学吃用穿戴比自己好就极不平衡；别的同学得了奖学金或评为“三好学生”，她就嫉妒，夜里辗转反侧无法安睡，还时常抱怨上天的不公。

最让她看不惯的是与她来自同一所高中的老乡同学。原来两个人在高中时各方面都不差上下，上大学后，老乡的成绩却越来越好，而且被选上了学生会干部，她就更加妒火中烧了。为此，给那位老乡散布流言蜚语，造谣中伤，成了她取代认真读书的头等大事。在一次选举学生会干部时，她为了把老乡比下去，竟然在下面做小动作——拉选票，结果她的行为被同学们识破，唱票时只有她自己投了自己一票，搞得十分狼狈，同学们也越来越讨厌她。

但她并没有就此收手，已经被嫉妒冲昏了头脑的她，一计不成又生一计。在期末考试中，她知道凭自己的水平是拿不了高分的，于是，她就采取夹带纸条的方法作弊。在最先的两门考试中，她的计谋得逞了。正当她自鸣得意、觉得胜利在望时，却在第三门考试中被监考老师抓个正着。老师说：“我早就注意到你了，以为你会有所收敛，没想到你一而再再而三地作弊。我再也不能容忍你的所作所为了。”王蕊当下便痛哭流涕地求监考老师手下留情，可是学校的制度是无情的。当天，学校教务处就对她的行为做出了处分。

【优秀女孩应该懂的道理】

王蕊的悲惨结局是令人痛心的。造成这个悲惨结局的罪魁祸首是谁呢？不言而喻，那便是嫉妒的心理。

从表面上看，嫉妒是对别人的不满，可是细细剖析一下，不难看出，它多半是因为自己的需求得不到满足而发泄出来的一种不良情绪，是一种由于自卑而引起心理失衡的反映。嫉妒别人漂亮，就是自己的漂亮未得到别人的承认，嫉妒别人成绩好，就是自己的成绩不如别人。看到自己与别人的差距，又不太愿意承认这种差距，于是嫉妒心理就滋生出来了。

“知耻近乎勇”，知道自己不足，努力加以弥补，这才是积极的态度。但如果人与人之间由于嫉妒而你整我，我整你，冤冤相报，何时能了？而且，喜欢嫉妒别人的人自己的日子也不好过。每天嫉妒别人，自己心里也烦恼，总是觉得别人比自己高明，对此又不能平静，由嫉妒转为想算计别人。

在生活中，当我们发现我们正隐隐地嫉妒一个各方面都比自己能干的人的时候，我们不妨反省一下自己是否在某些方面有所欠缺。在我们得出明确的结论后，我们会大受启示。我们不妨就借嫉妒心理的强烈超越意识去发奋努力，升华这种“嫉妒”之情，以此建立强大的自信意识来增强竞争的信心。这样，不但可以克服自己的嫉妒心理，而且可使自己免受或少受嫉妒的伤害，同时还可以取得事业上的成功，又可感受到生活的愉悦。

把烦恼丢进马桶

把烦恼当作脸上的灰尘，衣上的污垢，染之不惊，随时洗拂，常保洁净，这不是一种智慧和快乐吗？

——王蒙

有一个中年人，家庭事业取得了双丰收，但在心里却总感到很空虚，而这种感觉越来越严重，到后来不得不去看医生。医生听完了他的陈述，说：“我开几个处方给你试试！”于是开了四帖药放在药袋里，对他说：“你明天早上醒来后，不要做其他的事情，只要按照顺序依次服用一帖药，你的病就可以治愈了。”

那位中年人半信半疑，但第二天早上醒来后还是依照医生的嘱咐打开了第一帖药服用，里面没有药，只写了两个字“谛听”。他真的坐起来谛听，他听到窗外小鸟的叫声，风的声音，甚至听到自己心跳的节拍与大自然节奏合在一起。他已经很多年没有如此安静地坐下来听，因此感觉到身心都得到了清洗。接着，他打开第二个处方，上面写着“回忆”二字。他开始从谛听外界的声音转回来，回想起自己童年到少年的无忧无虑，想到青年时期创业的艰辛，想到父母的慈爱，兄弟朋友的友谊，生命的力量与热情重新在他的内心燃烧起来。然后，他又打开第三帖药，上面写着“检讨你的动机”。他仔细地想起早年创业的时候，是为了服务人群，热诚地工作；等到事业有成了，则只顾赚钱，失去了经营事业的喜悦，为了自身利益，则失去了对别人的关怀。想到这里，他已深有所悟。最后，他打开了第四个处方，上面写着“把烦恼写在纸上，丢进马桶冲掉”。于是，他拿出纸笔，将烦恼写在一张纸上，然后丢进了马桶，按了一下冲水按钮，那张纸和他的烦恼一起被冲掉了。

【优秀女孩应该懂的道理】

人的一生中，会遇到各种烦恼、挫折、坎坷，有的甚至还会发生某些不幸。一味地沉浸在苦闷、失落、悲伤的情绪中不能自拔，只会对身心健康产生巨大的损害。所以，学会像马桶一样冲掉烦恼忧愁，这样，人才能过得快乐洒脱一点。

人的一生是短暂的，脆弱的生命不能承载太多的负荷，毕竟，不是所有的经过都需要记忆，不是所有的记忆都需要珍藏。沉溺于旧日的失意是脆弱的，迷失在痛苦记忆里是可悲的，不能遗忘过去，往往会漠视今天，失去明天。所以我们要学会遗忘，忘记那些不该记住的东西，忘记不属于自己的东西。只有学会遗忘，我们才会忘却烦恼，让我们的心灵更加纯洁安详，让我们生活得更从容。

疑心生暗鬼

心思中的猜疑有如鸟中的蝙蝠，他们永远是在黄昏里飞的。

——培根

大学毕业后，刘芳被一家知名外企录用，她欣喜不已，暗下决心，一定要干出一番成绩。她十分注意自己的言谈举止，唯恐稍不留意影响到领导和同事对自己的看法。一次，她成功地完成了一张设计图，高兴之余，情不自禁脱口而出：真是太棒了！邻桌的同事闻声抬头瞄了她一眼，她马上紧张起来，糟糕！同事一定觉得我太得意忘形了。又一次，听到部门主管与人谈话中提到“新员工”三个字，并表情严肃，她的心一下缩紧了，一定是说我什么不好的事情。上班路上，遇到一位年长的同事，对方随口一句：年轻人，走路都是昂首挺胸啊！她马上将头垂了下来。坏了！这分明是在批评我盛气凌人，不尊重老同事。此后，每当见到别人脸色不好或两三个人低声交谈，她担心是不是在针对自己，过分猜疑让她身心疲惫，感觉周围的环境越来越差，苦恼万分。

【优秀女孩应该懂的道理】

刘芳之所以会苦恼，就因为患了“猜疑”这一不良心理疾病。从心理学上讲，猜疑是由不信任而产生的一种怀疑心理。它是一个可怕的心理误区，因为猜疑会破坏人与人之间最宝贵的东西——信任，引起对方的反感和抵触，这就暗藏着彼此关系破裂的危险。一个人一旦掉进猜疑的陷阱，必定处处神经过敏，事事捕风捉影，对他人失去信任，对自己也同样心生疑窦，损害正常的人际关系。因此，在生活和学习中，我们要减少猜疑，学会信任别人。少一份猜疑，多一份信任，成功的道路就会在我们的脚下。

战胜恐惧心理

我认为克服恐惧最好的办法理应是：面对内心所恐惧的事情，勇往直前地去做，直到成功为止。

——罗斯福

一次，布兰妮和朋友一起去澳洲一个豪华娱乐场所消遣，朋友里有几个热爱游泳的，他们在阳光下嬉戏。朋友们让她一起下水玩耍，布兰妮说：“我不很舒服，你们玩吧！”几个知心朋友晓得她一向怕水，她并不是不舒服，只是不敢下水。朋友们笑着怂恿她：“没事，不要怕，有我们在啊，难道就因为怕水，你就再也不去游泳吗？”

阳光照在他们光亮的肌肤上，大家像海豚一般快乐、自在地嬉戏着。可布兰妮实际上并不想躲在阴暗处看他们快乐地玩闹，只是她感到自己太胆小。

过了一段时间后，朋友请布兰妮一起去了一个温泉度假中心，在朋友的鼓舞下，她鼓足勇气下了水。布兰妮发觉自己没有想象中那么没用，从前她根本不敢游到水深的地方，但是朋友对她说：“试一试看是否能沉到水底下去。”布兰妮以为自己的耳朵出了问题，就问：“你说什么？那一定是要沉下去啊！”但是朋友坚信的目光告诉布兰妮他不是开玩笑，并鼓舞她试着按照自己说的去做。因为朋友是个游泳高手，由此布兰妮照朋友说的去做了。朋友说得不错，人在意识清醒的情况下，根本就沉不下去，就连摸到池底也是不可以办到的事情。布兰妮看着朋友，自信地笑了。朋友赞扬地拍拍她的肩膀说：“看，你根本淹不死，也沉不下去，为何要害怕呢？”这次游玩给布兰妮上了关键的一课，她若有所悟。从那时起，她再也不怕水了，虽然自己不是游泳健将，可游个四五百米还是可以的。

【优秀女孩应该懂的道理】

每个人都有害怕面对的事情，但是如果我们不去面对恐惧，如何知道我们必定会拜倒在恐惧的脚下？我们只有面对了恐惧，才会知道自己是能够战胜恐惧的。很多时候，我们害怕的不是别的，是自己内心凭空生出的恐惧。我们战胜的也不是别的，正是自己。

其实，很多时候恐惧都是我们自己强加给自己的。当不祥的预感、忧虑的思想在我们心中发作时，我们不应当纵容它们逐渐长大。我们应该勇敢地去面对，只要有勇气与信心，从心态上战胜恐惧，我们就可以步步向前，迈向光明。

能力训练营：培养心理调节能力的方法和技巧

1．心情要愉快

早晨起床后，就要决心过愉快的一天。下决心不要为芝麻琐事烦心，提醒自己记住：情绪的力量非常大。如果在愉快、积极的气氛中醒来，加上潜意识的作用，一天的心情都会感到舒畅。若因无谓的事而烦恼，不愉快的心情就会扩张，应及时注意纠正。

2．向亲友倾诉

当我们感到痛苦、心情郁闷时，不妨找知心朋友或亲人，把痛苦的事情向他们说一说，倾诉的过程也是不良情绪释放的过程。亲友的理解、支持有利于不良情绪的释放。但不可完全依赖家人或者朋友，一定要让自己变坚强，多想愉快的事情，养成不积累情绪垃圾的好习惯。

3．适当运动

当我们感到心情不好、郁闷时，可以适当进行户外运动，如散步、慢跑、打球、骑自行车等。适量的运动会产生许多对身体有益的激素，如肾上腺素，它会让我们产生亢奋的感觉而进而远离不良情绪，但要注意适量，过度的运动会对身体造成负担，产生反效果。

4．放松自己

当我们感到生活、学习压力大，情绪紧张时，可以听听旋律轻快、优美的轻音乐或歌曲来缓解紧张情绪；喜欢唱歌的人可以邀请朋友一起去唱唱歌，通过唱歌缓解压力、释放不良情绪；喜欢做瑜伽的人可以选择做瑜伽放松。

沟通能力——
有效沟通，我们会赢得更多朋友

倾听是有效的沟通技巧

要做一个善于辞令的人，只有一种办法，就是学会听人家说话。

——莫里斯

安妮在一家肯德基连锁店做收银员，每天晚上到了下班时间孤独就会涌上安妮的心头：她总是一个人孤单地吃完晚餐，然后就随手拿起一本小说来打发时间。

纽约这么大的都市，拥有数百万人口，每天人来人往，有欢笑，也有惊奇，却没有任何一个人注意到我的存在，这世界还有比这更荒凉的吗？安妮一想到这般的冷清，就像一只受惊的小兔子，蜷缩在自己的小天地中。

这种日子已经过了几个月，她不知道该如何是好，她不知道怎样才能交到朋友，尤其是知心的男友，难道大学四年毕业之后，面对的就是这种生活吗？

这还不是最难过的，反正她可以借着阅读各种爱情小说，与书中女主角共度欢笑悲伤，让时间慢慢流逝。但是到了深夜，一个人躺在床上，这才是最难熬的

时光，她不知道，是否每个正常人都会有这种需求。

有一天，安妮接到通知要去见公司人事部主管琳达女士，她不知道自己怎么会来这儿见人事主管，也不知道自己怎能对着她侃侃谈出自己的情况，因为她一向不善于表达自己，以往这种情形总是令她手足无措，说不出话来。

人事主管琳达是个善解人意的人。她语重心长地对安妮说："只要你愿意，我可以帮你攻克难关，并且交到朋友，不过首先，你必须抛开那些爱情小说，利用晚上到艺术学校去选修些课程，不要再读那些虚幻不真实的小说来自欺欺人。还有，你在公司的工作很有发展潜力，我希望你努力干，有一天能升到广告部门的执行组，也正因为如此，你更需要多学一些绘画及用色方面的技巧，最重要的是，你不要再整个晚上窝在家里了。"

安妮还记得经理说过，年轻人只要肯出去参加活动，很容易就可以交到朋友，只要学着去表现自己的特点，做个活泼的女孩，一定会有许多追求者。要有所改变，做自己想做的事。同时要注意看别人做什么，听别人说什么，让自己成为一个好伴侣；不要轻信别人的谗言；除非自己也能给予别人一些回馈，世上不会有人白白对自己好。

不久之后，安妮的生活真的变得多姿多彩，她已经克服了她的困难，她真没想到只是学着多听别人讲话，就赢得了那么多的友谊。她想起这正如琳达女士曾经告诉她的："大多数的人，自我意识都很强，都希望有表达自我的机会，所以，你根本不必担心该说什么，只需要静静地、专心地听对方说，这就够了。"

原来，良好的人际关系这么简单，以往安妮把自己关在小天地中，拒绝和别人沟通，现在，情况完全不同了。

【优秀女孩应该懂的道理】

人们都喜欢善于倾听的人，倾听是使人受欢迎的沟通技巧。人们被倾听的需要，远远大于倾听别人的需要。倾听是心与心的交流。我们若耐心倾听对方谈话，等于告诉对方："你说的东西很有价值"或"你值得我结交"，等于表示我们对对方有兴趣。同时，这也使对方感到他的自尊心得到了满足。由此，说者对听者的感情也更进一步了，"他能理解我"，"他真的成了我的知己"。于是，二人心灵的距离缩短了，只要时机成熟，两个人就会很谈得来。所以，善于倾听的人，会有很多朋友。

机智幽默的丘吉尔

幽默是一切智慧的光芒，照耀在古今哲人的灵性中间。凡有幽默的素养者，都是聪敏颖悟的。他们会用幽默手腕解决一切困难问题，而把每一种事态安排得从容不迫，恰到好处。

——钱仁康

英国首相丘吉尔不仅是一位声名卓著的政治家、军事家，而且也是一位机敏睿智的幽默大师。他思维敏捷，语言机智，常常用幽默的语言化被动为主动，捍卫自己和国家的尊严。

有一次，萧伯纳为庆贺自己的新剧本演出，特发电报邀请丘吉尔看戏："今特为阁下预留戏票数张，敬请光临指教。并欢迎你带友人来——如果你还有朋友的话。"丘吉尔看到后立即复电："本人因故不能参加首场公演，拟参加第二场公演——如果你的剧本能公演两场的话。"丘吉尔善用幽默的特点由此可见一斑。

不仅在生活中如此，即便是在政治上，丘吉尔也能够将这种智慧应用自如。丘吉尔有一个习惯，一天之中无论什么时候，只要一停止工作就爬进热气腾腾的浴缸中去洗澡，然后裸着身体在浴室里来回踱步，以事休息。二战期间，一次，丘吉尔来到白宫，要求美国给予军事援助。当他正在白宫的浴室里光着身子踱步时，有人敲浴室的门。"进来吧，进来吧。"他大声喊道。门一打开，出现在门口的是罗斯福。他看到丘吉尔一丝不挂，便转身想退出去。"进来吧，总统先生。"丘吉尔伸出双臂，大声呼喊，"大不列颠的首相是没有什么东西需要对美国总统隐瞒的。" 看到此景的罗斯福会心一笑，也被丘吉尔的机智幽默所折服。

就是通过这样直白坦率而又幽默的方式，丘吉尔最终赢得了美国总统的信任，让美国和英国结成了同盟，从而帮助自己的国家走出了困境。丘吉尔的幽默是一种智慧，更是一种胸襟和力量。他曾经两次当选英国首相，被认为是20世纪最重要的政治领袖之一。

【优秀女孩应该懂的道理】

幽默是一种灵活机智的交流态度，是一种洒脱豁达的处世风格，也是应用在与人交往中的一门复杂艺术。幽默的话语可以在心与心之间搭起一座沟通的桥梁，消除人与人之间的疏离感和陌生感。社会交际中，将幽默这种神奇的力量注入自己的语言里，能使自己更富有人情味，更容易与人沟通。

记住他人的名字

交际中，最明显、最简单、最重要、最能得到好感的方法，就是记住人家的名字。

——罗斯福

在一家公司的员工年会上，上任不到半年的总经理举着盛满红酒的玻璃杯，走到员工的餐桌前和大家干杯。大家看见总经理驻足在面前，不约而同地都站立起来，以示尊重。然而这位总经理大声说道：

“尊敬的员工们，现在我提议，我站着，大家坐着，当我叫出谁的名字的时候，就请谁站立起来，和我碰一下杯，至于酒嘛，就请随意地喝一口，互相不要勉强，好吗？”

大家异口同声地“好”了一声后，都眨巴着疑惑的眼睛看着总经理。他难道真能叫出每一位员工的名字？要知道，参加年会的员工有360位。这时，只见总经理举着酒杯，走到一位员工面前，先是立刻非常准确地叫出这位员工的名字，接着再报出其工号，并和这位员工轻轻地碰一下杯，道一声：“辛苦了，公司不能没有您，谢谢您！”抿上一口红酒，紧紧地和这位员工拥抱一下，如果是女士，则要紧紧地握一下手，完毕了做一个“请坐”的绅士手势，然后再走至下一位员工前。当他准确无误地叫出最后一位员工名字的时候，全体员工都不约而同地站了起来，使劲地鼓着掌，在经久不息的掌声中，360位员工敬意的目光一齐投向这位总经理。而总经理呢，似乎也被这一情景感动了，一会儿高扬着双手挥动着，一会儿高扬着的双手握成一团，以表示最诚挚的谢意。

会后有人问总经理：“你的记性怎么会这么好？竟能记住全公司每一位员工

的名字？”他微笑着回答：“我是公司的总经理，每天要到各个车间里实施走动管理，我命令自己每天必须要记住3位员工的容貌和他的名字及工号，这样做不仅是对员工的一种尊重，也是和员工心灵的一种通融。因为我有这方面的体会，我以前也是一名普通员工，作为一名普通员工，自己总是很想在总经理心目中占有一席之地，让管理者感知到我的工作价值，就和我的名字一样，是独一无二的，也是难以替代的，这样工作起来才会有股劲头。而作为公司总经理，应该具备这样的记忆力，能牢牢地记住每一位员工的名字以及他的工号，而且能随时随地很快地叫出每一位员工的名字和他的工号，这也许要比记那些MBA教材里的名词术语管用得多。”

【优秀女孩应该懂的道理】

一种既简单但又有效的沟通的方法，就是牢记住别人的名字，并且在下一次见面时喊出他的名字。善于记住别人的名字是一种礼貌，也是一种感情投资，在人际沟通中会起到意想不到的效果。记住别人名字，并真诚地叫响别人的名字，它意味着我们对别人的接纳，对别人的尊重，对别人的诚心，对别人的关注。同时，也让对方感到我们的亲切，如此一来，对我们的好感也就油然而生。抓住了对方的这一心理特征，我们也就轻松地赢得了交际的第一回合了。所以，尝试记住他人的名字，不仅是对他人的尊重和表示我们对他人的重视，同时也让对方对我们产生更好的印象。

沟通要从微笑开始

有一种东西，比我们的面貌更像我们，那便是我们的表情；还有另外一种东西，比表情更像我们，那便是我们的微笑。

——雨果

有一次，底特律的哥堡大厅举行了一次庞大的汽艇展览，人们争相参观。在展览会上人们可以选购各种船只，从小帆船到豪华的游轮应有尽有。在这期间，有一宗巨大的生意差点丢掉，但第二家汽艇厂用微笑又把顾客拉了回来。

一位来自中东某一产油国的富翁，站在一艘展览的大船面前，对站在他面前的推销员说："我想买艘价值2000万美元的汽船。"当然，这对推销员来说是天大的好事。可是，那位推销员只是愣愣地看着这位顾客，以为他是疯子，不予理会，他认为这位富翁在浪费他的宝贵时间，看着推销员那没有笑容的脸，富翁便走开了。

富翁继续参观，到了下一艘陈列的船前，这次招待他的是一位热情的推销员。这位推销员脸上挂满了亲切的微笑，那微笑就跟太阳一样灿烂，使这位富翁感到非常愉快。于是他又一次说："我想买艘价值2000万美元的汽船。"

"没问题！"这位推销员说，他的脸上挂着微笑，"我会为您介绍我们的汽船系列。"随后，便推销了他的产品。

在相中一艘汽船中，这位富翁签了一张500万美元的支票作为定金，并且他又对这位推销员说："我喜欢人们表现出一种对我非常有兴趣的样子，你现在已经用微笑向我推销了你自己。在这次展览会上，你是唯一让我感到我是受欢迎的人。明天我会带一张2000万美元的保付支票回来。"言出必行，第二天他果真带了一张保付支票回来，购下了价值2000万美元的汽船。

这位热情的推销员用微笑把自己推销出去了，并且连带着推销了他的汽船。据说，在那笔生意中，他可以得到20%的利润，这可以让他少干半辈子活。而那位冷冰冰的推销员，则让好运与自己擦身而过。

【优秀女孩应该懂的道理】

微笑是人与人进行沟通的最快的方式，它能缩短彼此间的距离，使人愿意和我们接近。喜欢微笑着面对他人的人，往往更容易走入对方的天地。难怪有人说沟通要从微笑开始。所以，从现在开始，请给朋友一个理解的微笑，请给帮助我们的人一个感激的微笑，请给那些不幸的弱者一个鼓励的微笑……请我们微笑，不用太多的巧言，我们就是最美的、最受欢迎的女孩。

赞美，让我们打开沟通的大门

赞扬是一种精明、隐秘和巧妙的奉承，它从不同的方面满足给予赞扬和得到赞扬的人们。

——拉罗什夫科

一位靓丽的“摩登女郎”在一个首饰店的柜台前看了很久。

售货员问了一句：“这位女士，您需要买什么？”

“随便看看。”女郎的回答明显缺乏足够的热情。可她仍然在仔细观看柜台里的陈列品。

此时售货员如果找不到和顾客共同的话题，就很难营造买卖的良好气氛，可能会使到手的生意溜走。

细心的售货员忽然间发现了女郎的上衣别具特色：“您这件上衣好漂亮呀！”

“啊！”女郎的视线从陈列品上移开了。

“这种上衣的款式很少见，是在隔壁的百货大楼买的吗？”售货员满脸热情，笑呵呵地继续问道。

“当然不是！这是从国外买来的。”女郎终于开口了，并对自己的回答颇为得意。

“原来是这样，我说在国内从来没有看到这样的上衣呢。说真的，您穿这件上衣，确实很吸引人。”

“您过奖了。”女郎有些不好意思了。

“只是……对了，可能您已经想到了这一点，要是再配一条合适的项链，效果可能就更好了。”聪明的售货员终于顺势转向了主题。

“是呀，我也这么想，只是项链这种昂贵商品，怕自己选得不合适……”

“没关系，来，我来帮您参谋一下……”

聪明的售货员正是巧妙运用了语言这门艺术，搭起相识的桥梁。然后顺势引导那位陌生的女郎，最终成功地推销了自己的商品。

【优秀女孩应该懂的道理】

赞美别人是一种沟通，同时又是对他人的认同，容易引起彼此的共鸣。真诚地赞美往往会迅速缩短人与人之间的心理距离，从而达成有效沟通的目的。说一句简单的赞美话，实在不是一件很难的事情，只要我们愿意并留心观察，处处都有值得赞美的地方，适时说出来，会产生意想不到的效果。如果我们想成为一个受欢迎的优秀女孩，那就不要吝啬自己的称赞了。

能力训练营：培养行动能力的方法和技巧

1．悉心倾听

如果想有很好的沟通，善于聆听是必不可少的。倾听时，不打要断对方，眼睛不躲闪，全神贯注地用心来听，同时还要要在适当的时候给予回应，这样才能给对方说下去的信心。让对方说得更加顺利、舒畅。

2．勇敢开口

在跟别人沟通交流时不要畏首畏尾，甚至不敢主动跟人去交流，连跟人沟通的勇气都没有，这样的人沟通能力肯定好不到哪里去。所以，我们要大胆地讲出自己的内心感受、想法和期望。

3．态度真诚

与人沟通时的态度很重要。首先交流是很交心的东西，我们跟别人交流的时候一定要真诚。这样别人才会更想跟我们交流。有什么兴趣、爱好才更愿意跟我们分享。

4．多学习

在跟别人沟通的时候，经常有人会觉得没什么说的，这就说明，我们不够博学，懂得东西太少，这时候我们要做的就是多读书、看报或是培养一些兴趣，这样跟别人交流的时候就可以找到更多的话题，交流起来也会更流畅。

选择能力——自主选择，做命运的主宰者

帕瓦罗蒂的选择

人生中最困难者，莫过于选择。

——莫尔

世界著名男高音歌唱家帕瓦罗蒂小时候就显示出了唱歌的天赋。长大后，他仍然喜欢唱歌，但是他更喜欢孩子，并希望成为一名教师。于是，他考上了一所师范学校。

临近毕业的时候，帕瓦罗蒂问父亲："我应该怎么选择？是当教师呢，还是成为一个歌唱家？"他的父亲这样回答："孩子，如果你想同时坐两把椅子，你只会掉到两个椅子之间的地上。在生活中，你应该选定一把椅子，并且在选定之后，就要义无反顾地坚持到底。"

听了父亲的话，帕瓦罗蒂选择了唱歌这把椅子。可遗憾的是，七年的时间过去了，他还是无名小辈，他甚至想到了放弃歌唱事业。但帕瓦罗蒂想起了父亲的话，于是他坚持了下来。

又经过了一番努力后，帕瓦罗蒂终于崭露头角，并且名声节节上升，成为活跃于国际歌剧舞台上的最佳男高音。

当一位记者问帕瓦罗蒂成功的秘诀时，他说：我的成功在于我在不断的选择中选对了自己施展才华的方向，我觉得一个人如何去体现他的才华，就在于他要选对人生奋斗的方向。

【优秀女孩应该懂的道理】

人生成败，源于选择。在这个世界上，通向成功的道路何止千万条，但我们要记住：所有的道路不是别人给的，而是我们自己选择的结果。所以，我们有什么样的选择，也就有了什么样的人生。

选择是明智者的诠释，它可以决定我们的事业和生活的成败！人的一生，只有一件事不能由自己选择——自己的出身。其他的一切，皆是由自己选择而来。因为选择的权力在我们自己的手中。

人生就是一种选择

> 人生就像弈棋，一步失误，全盘皆输，这是令人悲哀之事；而且人生还不如弈棋，不可能再来一局，也不能悔棋。
>
> ——弗洛伊德

有一位富有的商人在去世前，将两个儿子叫到床前，从枕头底下拿出一把钥匙，对他们说道："我一生所赚得的财富，都锁在这把钥匙能打开的箱子里。可是现在，我只能把这把钥匙给你们兄弟二人中的一人。"

兄弟俩惊讶地看着父亲，几乎异口同声地问道："为什么？这太残忍了！"

"的确有些残忍，但这也是一种善良。"父亲停了一下，又继续说道："现在，我让你们自己选择。选择这把钥匙的人，必须承担起家庭的责任，按照我的意愿和方式，去经营和管理这些财富。拒绝这把钥匙的人，不必承担任何责任，生命完全属于你自己，你可以按照自己的意愿和方式，去赚取我箱子以外的财富。"

兄弟俩听完，心里开始有了动摇。接过这把钥匙，可以保证自己一生没有苦难，没有风险，但也因此而被束缚，失去自由。拒绝它？毕竟箱子里的财富是有限的，外面的世界更精彩，但是那样的人生充满不测，前途未卜，万一……

父亲早已猜出兄弟俩的心思，他微微一笑："不错，每一种选择都不是最好，有快乐，也有痛苦，这就是人生，你不可能把快乐集中，把痛苦消散。最重要的是要了解自己，你想要什么？要过程，还是要结果？"兄弟俩豁然开朗。哥哥说，我要这把钥匙。弟弟说，我要去闯荡。二人权衡利弊，最终各取所需。这样的结局，与父亲先前的预料不谋而合。

20多年过去了，兄弟俩经历、境遇迥然不同。哥哥生活舒适安逸，把家业管理得井井有条，性格也变得越来越温和儒雅，特别是到了人生暮年，与去世的父亲越来越像，只是少了些锐利和坚韧。弟弟生活艰辛动荡，几起几伏，受尽磨难，性格也变得刚毅果断。与20年前相比，相差很大。最苦最难的时候，他也曾后悔过、怨恨过，但已经选择了，已经没有退路，只能一往无前，坚定不移地往前走。经历了人生的起伏跌宕，他最终创下了一份属于自己的事业。这个时候，他才真正理解父亲，并深深地感谢父亲。

【优秀女孩应该懂的道理】

今天的生活源于我们昨天的选择，明天的发展源于今天的选择。人生是一种选择，不一样的选择，有不一样的结果。有一位哲人说过，上帝在人出生后都给每个人一幅人生的地图，这些地图的起点和终点都是相同的，中间的许多岔路要靠我们自己去选择。的确，人生的地图上，处处是十字路口。是向左走？还是向右走？选择权在我们的手中。我们每一个选择都是在为自己种下一颗命运的种子。

选择比努力更重要

选择机会，就是节省时间。

——培根

有一个非常勤奋的青年，很想在各个方面都比身边的人强。经过多年的努力，仍然没有长进，他很苦恼，就向智者请教。

智者叫来正在砍柴的三个弟子，嘱咐说："你们带这个施主到五里山，打一担自己认为最满意的柴火。"年轻人和三个弟子沿着门前湍急的江水，直奔五里山。

等到他们返回时，智者正在原地迎接他们——年轻人满头大汗、气喘吁吁地扛着两捆柴，蹒跚而来；两个弟子一前一后，前面的弟子用扁担左右各担四捆柴，后面的弟子轻松地跟着。正在这时，从江面驶来一只木筏，载着小弟子和八捆柴火，停在智者的面前。

年轻人和两个先到的弟子，你看看我，我看看你，沉默不语；唯独划木筏的小徒弟，与智者坦然相对。智者见状，问："怎么啦，你们对自己的表现不满意？""大师，让我们再砍一次吧！"那个年轻人请求说，"我一开始就砍了6捆，扛到半路，就扛不动了，扔了两捆；又走了一会儿，还是压得喘不过气，又扔掉两捆；最后，我就把这两捆扛回来了。可是，大师，我已经很努力了。"

"我和他恰恰相反，"那个大弟子说："刚开始，我俩各砍两捆，将4捆柴一前一后挂在扁担上，跟着这个施主走。我和师弟轮换担柴，不但不觉得累，反倒觉得轻松了很多。最后，又把施主丢弃的柴挑了回来。"

划木筏的小弟子接过话，说："我个子矮，力气小，别说两捆，就是一捆，这么远的路也挑不回来，所以，我选择走水路……"

智者用赞赏的目光看着弟子们，微微颔首，然后走到年轻人面前，拍着他的肩膀，语重心长地说："一个人要走自己的路，本身没有错，关键是怎样走；走自己的路，让别人怎么说，也没有用，关键是走的路是否正确。年轻人，你要永远记住：选择比努力更重要。"

【优秀女孩应该懂的道理】

选择与努力相比较，选择更为重要。很多时候，选择方向并不难，难的是选择对的方向。错误的选择，一开始就注定了最终的失败。一旦我们的选择有错误，我们的努力就是无用功，结果就是南辕北辙。所以女孩一定要记住，选择比努力更重要，努力一定要放在选择之后。昨天的选择决定了今天的结果，今天的选择决定了明天的结果。选择不对，努力白费。优秀的女孩，今天我们做出正确的选择了吗？

命运在自己的手里

一个人怎样把握自己的命运比他的命运是怎样更加重要。

——洪保德

有一个年轻人，他认为自己命运不济，无论如何努力奋斗都不能达到成功。有一次，他去拜访一位禅师，问道："这个世界上到底有没有命运？"

禅师说："当然有啊。"

年轻人再问："命运究竟是怎么回事？既然命中注定，那奋斗又有什么用？"

禅师没有回答年轻人的问题，但笑着抓起他的左手，说先给他看看手相，算算命。禅师先给他讲了一通生命线，爱情线、事业线等诸如此类的话，接着对年轻人说："把手伸好，照我的样子做一个动作。"说完，禅师举起左手，慢慢地且越来越紧地抓起拳头。年轻人也照着样子举起左手，抓紧了拳头。

禅师问："抓紧了没有？"

年轻人有些迷惑，答道："抓紧啦。"

禅师又问："那些命运线在哪里？"

年轻人机械地回答："在我的手里呀。"

禅师再追问："请问，命运在哪里？"

年轻人如当头棒喝，恍然大悟：命运在自己的手里！

【优秀女孩应该懂的道理】

俗话说：人的命天注定。过去，我们一直都认为人的命运是上天安排好的，每个人都只能服从，不可违背，不可逆天行事。事实上，命运一直都在我们自己手里，失败与成功的关键是我们如何把握我们手中的命运。决定命运的是我们面对人生的态度。在人生的道路上，每个女孩都是自己命运的主宰者和创造者。每个女孩都有权改变自己的命运，只要我们对自己有信心，有决心，有魄力，勇敢地迈出那一步，那么我们就可能改变命运。

放弃也是一种选择

人生最大的智慧是懂得放弃，我们每个人都有难以割舍的东西。放弃了，也许是一种胜利。

——爱默生

父亲给孩子带来一则消息，某一知名跨国公司正在招聘计算机网络员，录用后薪水自然是丰厚的，还因为这家公司很有发展潜力，近些年新推出的产品在市场上十分走俏。孩子当然是很想去应聘的，可在职校培训已近尾声了，这要真的给聘用了，一年的培训就算夭折了，连张结业证书都拿不上。孩子犹豫了，父亲笑了，说要和孩子做个游戏。他把刚买的两个大西瓜一一放在孩子面前。让他先抱起一个，然后，要他再抱起另一个。孩子瞪圆了眼，一筹莫展。抱一个已经够沉的了，两个更是没法抱住的。“那你怎么把第二个抱住呢？”父亲追问。孩子愣神了，还是想不出招来。父亲叹了口气：“哎，你不能把手上的那个放下来吗？”孩子似乎缓过神来，是呀，放下一个，不就能抱上另一个了吗！孩子这么做了。父亲于是提醒：这两个总得放弃一个，才能获得另一个，就看你自己怎么选择了。孩子顿悟，最终选择了应聘，放弃了培训。后来，如愿以偿，成了那家跨国公司的职员。

【优秀女孩应该懂的道理】

放弃，其实就是一种选择。人生面临许多选择，而选择的前提是懂得放弃，放弃的正确，即是选择的成功。放弃并不是消极地放手，而是需要睿智的思想和博大的胸怀。放弃是一种勇气，但放弃绝不是对自己的背叛。走在人生的十字路口，我们必须学会放弃不适合自己的道路；面对失败，我们必须学会放弃懦弱；面对成功，我们必须学会放弃骄傲……我们只有在困境中放弃沉重的负担，才会拥有必胜的信念。放弃我们必须放弃的、应该放弃的，甚至比拥有更重要。放弃，不是怯懦，不是自卑，也不是自暴自弃，更不是陷入绝境时渴望得到的一种解脱，而是在痛定思痛后做出的一种选择。

能力训练营：培养选择能力的方法和技巧

1．谨慎选择

人生旅途中，我们总是面临各种各样的选择。考试中有选做题，升学时要选择专业，进入职场中，要选择工作。在这纷繁复杂的选择中，我们要保持冷静清醒，叩问内心，谨慎做好每一次选择，为自己的人生设定一条完美的航线。

2．对自己的选择负责

无论什么选择，做选择的人都要承担选择的责任——也就是负责。对我们的选择负责也就是对我们自己负责。有选择就必定有结果，这个结果必须是我们自己去承担，没有人可以替我们承担，这是我们的责任，亦如我们自己的选择。

3．征求他人意见

在选择的过程中，我们会遇到困难，要学会征求他人的帮助，特别是父母长辈的帮助。因为父母长辈的知识、经验和生活阅历比我们丰富，看问题更全面、更深刻，我们多征求并听取他们的意见，作为自己解决重大问题的参考，这对自己的选择很有好处。

4．自己做主

每个人都不是别人的附属物，应该有自主意识。凡事自己做主，可以更好地发挥自己的能力。在失败中学会成长、在挫折中历练坚强。